飞行器动力工程专业系列教材

燃烧理论基础

(第二版)

Fundamental Theory of Combustion
(Second Edition)

韩启祥　范育新　何小民　编著

科 学 出 版 社

北 京

内 容 简 介

本书主要讲述燃烧学的基础理论,包括燃烧化学热力学与化学动力学基础、燃烧物理学基本方程、预混火焰、扩散火焰、着火与熄火过程、液体燃料燃烧、煤的燃烧基础、燃烧污染物排放与控制以及现代燃烧技术的应用等,内容较为全面,且深入浅出,通俗易懂。同时为了便于读者掌握本书内容,本书章后配有相关习题。

本书可作为能源与动力工程、飞行器动力工程、车辆工程等专业的本科生教材,也可作为从事与燃烧有关工作的工程技术人员的参考资料。

图书在版编目(CIP)数据

燃烧理论基础/韩启祥,范育新,何小民编著. —2 版. —北京:科学出版社, 2023.9

飞行器动力工程专业系列教材

ISBN 978-7-03-076286-3

I. ①燃⋯ II. ①韩⋯②范⋯③何⋯ III. ①燃烧理论-教材 IV. ①O643.2

中国国家版本馆 CIP 数据核字(2023)第 169469 号

责任编辑:李涪汁 / 责任校对:任云峰
责任印制:赵 博 / 封面设计:许 瑞

科学出版社 出版

北京东黄城根北街 16 号
邮政编码:100717
http://www.sciencep.com

北京富资园科技发展有限公司印刷
科学出版社发行 各地新华书店经销

*

2018 年 1 月第 一 版 开本:787×1092 1/16
2023 年 9 月第 二 版 印张:12 1/4
2025 年 2 月第八次印刷 字数:290 000

定价:79.00 元

(如有印装质量问题,我社负责调换)

"飞行器动力工程专业系列教材"编委会

主　编：宣益民

副主编：宋迎东　张天宏　黄金泉　谭慧俊　崔海涛

编　委：（按姓氏笔画排序）

王　彬　毛军逵　方　磊　吉洪湖　刘小刚

何小民　宋迎东　张天宏　陈　伟　陈　杰

陈茉莉　范育新　周正贵　胡忠志　姚　华

郭　文　崔海涛　韩启祥　葛　宁　温　泉

臧朝平　谭晓茗

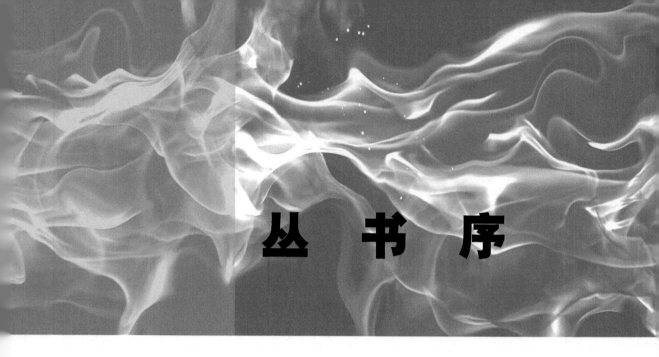

丛 书 序

作为飞行器的"心脏",航空发动机是技术高度集成和高附加值的科技产品,集中体现了一个国家的工业技术水平,被誉为现代工业皇冠上的明珠。经过几代航空人艰苦卓绝的奋斗,我国航空发动机工业取得了一系列令人瞩目的成就,为我国国防事业发展和国民经济建设做出了重要的贡献。2015 年,李克强总理在《政府工作报告》中明确提出了要实施航空发动机和燃气轮机国家重大专项,自主研制和发展高水平的航空发动机已成为国家战略。2016 年,国家《第十三个五年规划纲要》中也明确指出:中国计划实施 100 个重大工程及项目,其中"航空发动机及燃气轮机"位列首位。可以预计,未来相当长的一段时间内,航空发动机技术领域高素质创新人才的培养将是服务国家重大战略需求和国防建设的核心工作之一。

南京航空航天大学是我国航空发动机高层次人才培养和科学研究的重要基地,为国家培养了近万名航空发动机专门人才。在江苏省高校品牌专业一期建设工程的资助下,南京航空航天大学于 2016 年启动了飞行器动力工程专业系列教材的建设工作,旨在使教材内容能够更好地反映当前科学技术水平和适应现代教育教学理念。教材内容涉及航空发动机的学科基础、部件/系统工作原理与设计、整机工作原理与设计、航空发动机工程研制与测试等方面,汇聚了高等院校和航空发动机厂所的理论基础及研发经验,注重设计方法和体系介绍,突出工程应用及能力培养。

希望本系列教材的出版能够起到服务国家重大需求、服务国防、服务行业的积极作用,为我国航空发动机领域的创新性人才培养和技术进步贡献力量。

南京航空航天大学

2017 年 5 月

第二版前言

本书是在第一版的基础上结合近几年教学实践与教学改革成果修订而成。在编著与修订过程中，作者主要基于以下几点思考：

(1) 当前为了应对全球气候变化，我国已经确立坚定走绿色低碳发展道路的决心，而燃烧学科在这一目标实现过程中将具有十分重要的作用。人类的日常生活与社会发展离不开能源，当前乃至今后相当长的时间里能源的主要来源仍然是矿物燃料，即煤、原油与天然气，它们提供了 80% 以上的能源消耗。矿物燃料主要成分是碳氢，其利用方式又以燃烧为主，因此减小碳排放除了大力发展清洁能源外，更重要的是提高燃烧装置的综合效能，尤其要提高燃烧效率与降低污染物排放。这些离不开对燃烧过程的理解与掌握，更需要燃烧理论与燃烧技术的不断进步。

(2) 燃烧学是一门融合化学反应动力学与热力学、流体力学、传热传质学以及非线性现象与湍流理论等的综合性学科，也是一门理论性特别强同时工程应用特别广泛的学科。本书重点阐述燃烧学的基础理论，是针对本科生的一本燃烧学入门教材。不仅如此，本书第一版是在江苏省高校品牌专业一期建设工程的资助下以及南京航空航天大学飞行器动力工程专业系列教材建设的要求下完成的，因此本书在背景与应用对象方面具有一定的航空航天特色。

(3) 本书共 10 章内容。第 0 章为绪论，简要介绍燃烧的本质、发展史、应用领域以及本书要点；第 1~2 章是本书的基础，介绍了化学热力学与化学动力学基础知识、燃烧过程热力计算、燃烧物理学基本方程以及方程变换和定解条件处理等；第 3~5 章是本书的重点，通过气体燃料燃烧详细阐述了火焰传播与稳定、预混火焰与扩散火焰、层流燃烧与湍流燃烧、着火与熄火过程等基础燃烧理论；第 6~8 章则是燃烧理论的应用基础，包括液体燃料燃烧、煤的燃烧以及燃烧污染物排放与控制等；第 9 章是现代燃烧技术的应用，系本次修订重点增补的内容，目的是加强学生对燃烧技术应用的认知，培养学生的学习兴趣等。

由于修订时间有限，加上作者对燃烧理论的精准理解与掌握还存在不足，书中不妥之处在所难免,敬请广大读者批评指正。

作 者

2022 年 10 月

第一版前言

　　人类的日常生活与社会发展均离不开能源，当前乃至今后相当长的时间里能源的主要来源仍然是矿物燃料，即煤、原油与天然气。以 2016 年为例，中国一次能源消耗总量相当于 3053 百万吨油当量，其中煤占 61.8%，原油占 19%，天然气占 6.2%，其余为清洁能源（核能、水力发电及再生能源），仅占 13%。对矿物燃料的利用一般都是通过燃烧的方式将其化学能转化为热能，热能可直接利用，也可以再转化为机械能或电能后加以利用。上述数据表明了燃烧对中国是重要的，同样它对全世界也是非常重要的。一方面，燃烧是能源利用的第一步，是节约能源、提高能源利用率的重要环节；另一方面，随着能源消耗的迅速增加，燃烧造成大气污染的危害性日趋严重，排放的温室气体对全球气候变化的影响也日益凸显，不仅严重破坏了生态平衡，而且危及人类生存与健康。

　　本书重点阐述燃烧学的理论基础，共 8 章内容。第 1 章和第 2 章是本书的基础，介绍了化学热力学与化学动力学基础知识，燃烧过程热力计算，燃烧物理学基本方程，以及方程变换和定解条件处理等；第 3～5 章是本书的重点，通过气体燃料燃烧详细阐述了火焰传播与稳定、预混火焰与扩散火焰、层流燃烧与湍流燃烧、着火与熄火过程等基础燃烧理论；第 6～8 章则是燃烧理论的应用基础，包括液体燃料燃烧、煤的燃烧及燃烧污染物排放与控制等。为了便于学生掌握所学内容，各章后还给出部分习题。

　　本书在正式出版前已作为南京航空航天大学能源与动力专业本科生教材使用了多年，本次出版作者对部分章节进行了修改与补充。由于作者水平有限，书中不妥之处在所难免，敬请广大读者批评指正。

作　者

2017 年 9 月

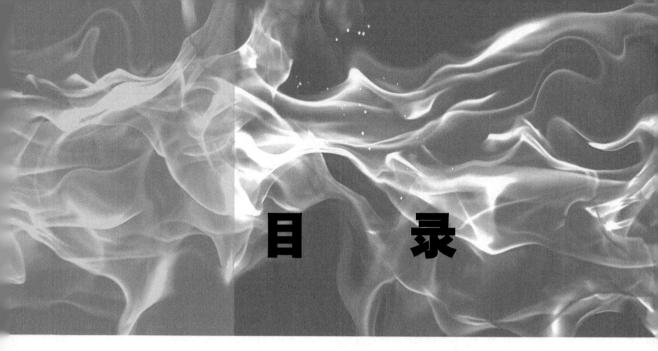

目　　录

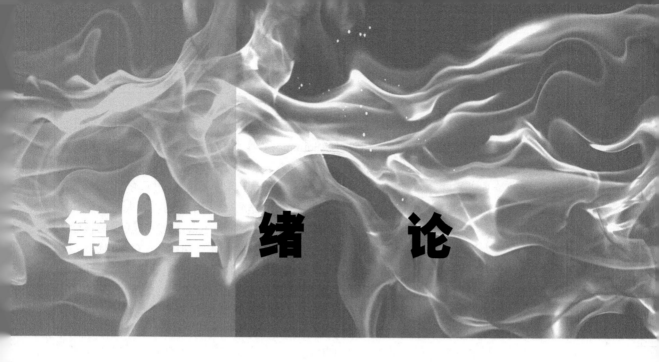

第0章 绪 论

0.1 燃烧的本质与发展史

什么是燃烧？经典的定义：燃烧是一种能发光、发热的快速氧化反应。但是随着现代燃烧技术发展及其应用领域的不断扩大，燃烧概念的外涵也有所扩展，一些文献中将强烈放热和发光的快速化学反应过程称为燃烧。这里的化学反应除了通常意义上的燃料的氧化反应外，还有类氧化反应，如氟化反应、氯化反应以及氮化反应等，这些反应与传统意义上的氧化反应相似，具有燃烧反应的一切特征，但没有氧元素参与反应过程。本书中的燃烧专指燃料与氧气通过剧烈氧化反应将燃料中的化学能转化为热能的过程，因此这里的燃烧理论属于经典燃烧理论。

火焰是燃烧的表现形式，在人类社会的发展历史中，对火的探索从未停止，对火的认识也经历了曲折的过程。早期火被认为是组成宇宙的四大元素 (即空气、水、火及土) 之一，17 世纪末德国人斯塔尔 (G. E. Stahl) 提出 "燃素论"，认为一切可燃物质之所以能燃烧是因为其中含有称之为燃素的物质，当燃素逸出到空气中就会出现燃烧现象，而物质燃烧的难易程度取决于其含有燃素的多寡。"燃素论" 流行了一百多年，但它始终无法解释燃素的本质到底是什么？此外，人们在镁条燃烧实验中还发现，燃烧后镁的质量没有减少反而增加了，而密封容器中的空气却减少了。这些现象是 "燃素论" 无法解释的，直到法国化学家拉瓦锡 (A. L. Lavoisier) 提出了燃烧的氧化学说，这些现象才有了合理的解释。1777 年拉瓦锡在其报告《燃烧概论》中首次系统阐明燃烧的本质：①燃烧时放出光和热；②只有氧存在时，物质才会燃烧；③空气由两种成分组成，物质在空气中燃烧时吸收了空气中的氧，因此质量增加；④一般的可燃物质 (非金属) 燃烧后通常变为酸，氧是酸的本质。拉瓦锡的燃烧的氧化学说彻底推翻了 "燃素论"，人类历史上第一次对火焰有了一个正确的认识，使得燃烧学的发展开始走上了正常轨道。

燃烧学的发展与其他相关学科的发展是密不可分的。19 世纪，热力学成为认识燃烧现象的基础，燃烧过程被作为热力学平衡体系来研究，从而获得了燃烧过程的一些重要特性，如热效应、绝热火焰温度、着火温度以及燃烧产物平衡成分等。20 世纪 30 年代，美国的刘易斯 (B. Lewis) 和俄国的谢苗诺夫 (H. H. Semenov) 等将化学动力学引入燃烧研究，确认了化学反应动力学是影响燃烧速率的重要因素，并发现燃烧具有链锁反应的特点，从而奠定了燃烧理论基础。20 世纪 30~50 年代，人们开始认识到控制燃烧过程的还有气体流动、传热传质等物理因素，燃烧是这些因素综合作用的结果，从而建立了着火、火焰传播以及湍流燃烧理论。20 世纪 50~60 年代，美国的冯·卡门 (von Kármán) 和我国的钱学森提出用连续介质力学研究燃烧基本过程，建立了 "反应流体力学"。20 世纪 60 年代后，计算机的出现使燃烧理论与数值方法结合，展现出巨大 "威力"。英国的斯波尔丁 (Spalding) 首先得到了层流边界层燃烧过程控制微分方程的数值解，并通过了实验的检验。斯波尔丁等还将 "湍流模型方法" 引入燃烧学的研究，提出了湍流输运模型和湍流燃烧模型，成功对一些基本燃烧现象和实际的燃烧过程进行了数值求解。与此同时，现代先进激光诊断技术的出现，改进了燃烧试验方法，提高了测试精度，为深入研究燃烧现象及其规律提供了重要手段和精确可靠的试验数据。

随着燃烧数值计算方法与试验技术的发展，燃烧学的研究进入从定性到定量、宏观到微观以及局部到整体的新阶段。当前，燃烧科学正从一门传统的经验科学发展成为一门系统的，涉及热力学、流体力学、化学动力学、传热传质学、物理学等的，且以数学为基础的综合理论体系。

0.2　燃烧主要应用领域

对火的掌握与使用是开启人类文明的重要因素。现代社会从日常生活到社会生产，人们对各种燃烧装置的依赖仍然是全方面的，小的方面如取暖、烹饪，大的方面如发电、交通运输、冶炼、武器装备以及航空航天等。除了有用的方面，火也有有害的一面，如火灾造成财产与生命的损失，燃烧污染物排放造成对环境的破坏，以及战场上化学武器的使用对人员的大量杀伤等。总之，燃烧的应用领域十分宽广，下面我们从现实燃烧问题出发对 5 个燃烧实用领域加以阐述。

1) 能源与燃烧装置

地球上可利用的能源种类有很多，包括核能、太阳能、风能、水力、地热能、海洋潮汐能以及化石能源 (天然气、石油及煤炭) 等，其中化石能源因其应用的便利性、高能密度以及经济性，其当前利用率占整个能源消耗的 80% 以上，且在可预见的未来这一趋势仍将持续。

化石能源的利用通常通过燃烧的方式将化学能转化为热能，热能可以直接利用，也可以在动力装置中再转化为机械能以输出动力，如内燃机、燃气轮机等。车用内燃机作为石油燃料的主要消耗者以及空气污染的主要贡献者，其设计及运行与解决能源高效利用的问题密切相关，高效、清洁燃烧的内燃机的研究已经取得大量成果。柴油机与汽油机是两种典型的内燃机，相比于应用更广泛的汽油机，柴油机可以在更高压缩比下运行，使得其整体循环效率更高，且其燃料适应性更强，因此柴油机更能适应今后非常规或低等级燃料的使用。但是柴油机也有噪声大以及炭黑与 NO_x 排放高的缺点，这两项缺点与它的运行机制有关，这就需要开展基础性的燃烧研究以解决这些问题，现在已经有了两条截然相反的技术路线。一是分层燃烧。我们知道，混气在贫油状态下燃烧时既可以提高燃烧效率，还可以降低污染物的排放，但是贫油混气却难以着火。分层燃烧的思想就是将整体贫油的混气在充气过程中划分出偏富油区 (层) 与极度贫油区 (层)，然后在容易着火的偏富油区点火，着火后火焰再向极度贫油区传播，实现分层燃烧。二是均质压燃。采用均质压燃的发动机也称为 HCCI 发动机。均质压燃的主要思想是向气缸内填充均匀混气，压缩后在整个气缸内形成燃烧反应，不会形成局部高温的火焰区，因此大大减少炭黑及 NO_x 的生成，不仅如此，压缩点燃所要求的高压比也会产生更高的循环热效率。

2) 燃料

燃烧离不开燃料，不同的燃烧装置对燃料的适应性要求是不同的。比如汽油机对燃料的挥发性要求比较高，柴油就不能在汽油机上应用；再比如民用燃气炉对天然气中气体成分有严格要求，否则会破坏火焰的稳定性，容易出现吹熄与回火的状况。

此外，由于石油供应的紧张也使得燃料的重要性得到广泛的关注。人们常说的能源危机实际上就是燃料危机，预计到 21 世纪末石油将消耗殆尽，以后几个世纪在化石燃料方面将更依赖煤的燃烧，包括煤的直接应用以及煤的衍生产品。煤的直接使用有两个途径，一是流化床，另一个为水煤浆。前者通过足够大的风量将炉篦上的煤粉颗粒吹起来，好像流动了一样，此时煤粉与空气充分接触，使得燃烧速率达到最大化。不仅如此，流化床燃烧时在煤粉中混入石灰石可中和掉 SO_x，通过控制流化率使 NO_x 排放最小化。水煤浆则是将 $40 \sim 70 \mu m$ 的煤粉与水稳定混合成液态燃料，可以通过管路输送，并能在燃烧室中直接喷雾燃烧。煤也可以衍生出液态油，煤衍生油具有高沸点、宽馏程，且芳烃及燃料氮含量高等特点，燃烧时容易产生炭黑及 NO_x。此外，煤还可以通过不充分燃烧的方式进行气化，如过去常见的城市煤气，它由多种气体组成，其中可燃气体主要为氢气、一氧化碳等。

3) 污染与健康

燃烧过程产生的主要污染物有：炭黑、SO_x、NO_x、未燃碳氢 (UHC) 以及 CO 等。炭黑主要源于煤的燃烧，其次是高压比的柴油机。炭黑的危害包括降低能见度与导致呼吸道疾病。SO_x 也源于煤的燃烧，它与空气中的水分结合后生成硫酸，并形成酸雨，对水生物有毁灭性影响，以及腐蚀土壤等。NO_x 源于空气中的氮气及燃料中氮原子在燃烧过程中被氧化。空气中氮气氧化成 NO_x 通常是在高温条件下，燃料中氮氧化成 NO_x 对温度不敏感，通常源自煤及其衍生产品的燃烧。NO_x 与 UHC 及臭氧在太阳光照射下生成光化学烟雾，对呼吸系统有破坏作用。

此外，CO_2 是碳氢燃料燃烧时的必然产物，大量的 CO_2 排放到大气中造成了全球变暖，这是潜在的、灾难性的环境问题。当前碳达峰与碳中和计划正是主要针对 CO_2 的排放而制定的环保计划。

4) 安全

有关燃烧安全问题可划为三类：火灾、爆炸以及防火材料。火灾会造成生命与财产损失，这方面关心的问题包括火焰侦测技术以及密闭空间内火焰传播动力学等。爆炸方面关注的包括防止矿井走廊、谷物升降机内的爆炸，以及液化天然气罐、压缩氢气罐的破损泄漏引起的爆炸等。防火材料主要针对建筑与装饰材料的防火等。

5) 国防与航天

国防方面的燃烧相关问题主要包括：研制高能炸药与推进剂，飞机发动机、火箭发动机以及枪炮中燃烧不稳定性的抑制，发动机与火箭排气的红外信号抑制，油箱中弹后的防爆，以及化学激光武器与高超声速飞行器的研发等。航天领域的燃烧相关问题包括：微重力下燃烧特性与火焰动力学，空间站中火灾侦测与防火问题等。

0.3　本书的内容要点

燃烧学不仅应用领域广泛，而且与众多基础学科密切相关，包括热力学、化学动力学、流体力学、传热学等，是一门内容丰富、实用性特别强的综合性学科。

本书涉及的内容是燃烧学的理论基础，是针对动力机械与工程热物理、航空宇航推进理论与工程等专业本科生的燃烧学入门教材，具有专业课与专业基础课两个方面的特点。本书的主要目的是向读者阐述燃烧学的概念与基础理论，同时也融合了一些工程应用的相关知识，内容全面，注重理论与实践相结合。从结构上来看，第 1 章是燃烧学的预备知识，通过热力学与化学动力学理论分析与阐明燃烧特性与本质，同时也是燃烧过程热力计算的基础；第 2 章是燃烧过程数值模拟的基础，通过微分方程来描述燃烧过程中的守恒关系；第 3~5 章阐明了燃烧学概念与基础理论，这是本书的重点，主要燃烧现象在这 3 章中均得到讨论；第 6~8 为应用基础，从应用的角度讨论液体燃料与固体燃料的使用及燃烧污染的问题；第 9 章为本书的拓展，重点阐述燃烧在航空航天领域的应用现状与发展趋势等。

本书主要针对较短课时 (36 学时) 的燃烧课程而编写，由于篇幅限制，本书没有对前沿的燃烧理论做深入的阐述与讨论，对新型燃烧技术也是点到为止，对复杂燃烧装置的技术细节也涉及不多，但是可以在较短时间内使学生对燃烧学有一个比较全面的认识，并能够分析与计算一般燃烧现象与燃烧过程，为学生进入更深层次的理论学习以及提高处理复杂燃烧问题的能力奠定坚实的基础。

第1章 燃烧化学热力学与化学动力学基础

燃烧过程的本质就是一个剧烈的化学反应过程,因此研究燃烧问题实际上就是研究一个带化学反应的体系的问题。化学热力学是把热力学基本定律应用于有化学反应的系统,分析化学反应过程中能量转化的规律、化学反应进行的方向以及化学平衡等问题。化学热力学的具体任务是:① 根据热力学第一定律分析化学能转变为热能的能量变化,确定化学反应的热效应;② 根据热力学第二定律分析化学平衡条件,以及平衡时系统的状态,这里主要分析燃烧反应平衡时的燃烧产物的温度及成分的确定。

化学动力学是化学学科的一个组成部分,与化学热力学研究反应系统初、终态的热力状态以及过程中能量转化规律不同,化学动力学研究化学反应系统从一个状态到另一个状态变化时所经历的过程以及过程所需要的时间,即化学反应速率。化学动力学的具体任务是:① 确定化学反应速率的大小以及影响化学反应速率的因素;② 研究各种化学反应机制,即研究由反应物变化到生成物所经历的具体途径。化学动力学的目标是揭示化学反应速率变化的本质,使人们在生产实践中能够根据需要控制化学反应速率。

1.1 生成焓、反应焓及燃烧焓

化学反应往往伴随着热量的吸收或释放,当体系在等温、等压或等温、等容条件下进行某个化学反应,且除了膨胀功以外不做任何其他形式的功时,系统吸收或释放的热量称为该反应的热效应。根据不同的反应,热效应又可分为生成焓、反应焓以及燃烧焓。根据热力学的定义,吸热时热效应为正,放热时热效应为负。

1.1.1 生成焓

由稳定的单质在等温、等压条件下生成 1mol 的化合物时的热效应,称为该化合物的生成焓,以 Δh_f 表示,单位为 kJ/mol。注意,生成焓是化学反应过程的热效应,是过程量,而非状态量。后面的反应焓、燃烧焓同样是过程量。

同一物质的生成焓在不同的温度、压力下是不相同的,如果化合物的生成反应是在一个标准大气压 (1atm$=1.01325\times10^5$Pa)、298K(25℃) 温度下进行的,则生成焓为该化合物的标准生成焓。标准生成焓以 Δh^0_{f298} 表示，上标 "0" 表示一个标准大气压，下标中 "298" 表示标准温度 298K。例如，

$$C + \frac{1}{2}O_2 \longrightarrow CO - 110.54 \text{ kJ/mol}, \quad \Delta h^0_{f298} = -110.54 \text{ kJ/mol}$$

$$\frac{1}{2}H_2 + \frac{1}{2}I_2 \longrightarrow HI + 25.10 \text{ kJ/mol}, \quad \Delta h^0_{f298} = 25.10 \text{ kJ/mol}$$

常见物质的标准生成焓如表 1-1 所示。由表可见，稳定单质的标准生成焓为零。注意下列反应方程式获得的反应热均不是生成焓：

$$CO + \frac{1}{2}O_2 \longrightarrow CO_2 - 282.96 \text{ kJ/mol}, \quad \Delta h = -282.96 \text{ kJ/mol}$$

$$2C + O_2 \longrightarrow 2CO - 221.08 \text{ kJ/mol}, \quad \Delta h = -221.08 \text{ kJ/mol}$$

前者 CO 不是稳定的单质，后者生成化合物的量不是 1mol。

表 1-1　物质的标准生成焓 (1atm、298K)

名称	分子式	状态	生成焓/(kJ/mol)
一氧化碳	CO	气	−110.54
二氧化碳	CO_2	气	−393.51
甲烷	CH_4	气	−74.89
乙炔	C_2H_2	气	226.90
乙烯	C_2H_4	气	52.55
苯	C_6H_6	气	82.93
苯	C_6H_6	液	49.04
正辛烷	C_8H_{18}	液	−249.95
正辛烷	C_8H_{18}	气	−208.45
氧化钙	CaO	晶	−635.13
碳酸钙	$CaCO_3$	晶	−211.27
氧	O_2	气	0
氮	N_2	气	0
碳 (石墨)	C	晶	0
碳 (金刚石)	C	晶	1.88
水	H_2O	气	−241.84
水	H_2O	液	−285.85
乙烷	C_2H_6	气	−84.68
丙烷	C_3H_8	气	−103.85
正丁烷	C_4H_{10}	气	−124.72
异丁烷	C_4H_{10}	气	−131.58
正戊烷	C_5H_{12}	气	−146.44
正己烷	C_6H_{14}	气	−167.92
正庚烷	C_7H_{16}	气	−187.81
丙烯	C_3H_6	气	20.29
甲醛	CH_2O	气	−115.9
乙醛	C_2H_4O	气	−166.36

续表

名称	分子式	状态	生成焓/(kJ/mol)
甲醇	CH_3OH	液	-238.57
乙醇	C_2H_6O	液	-277.65
甲酸	CH_2O_2	液	-409.19
乙酸	$C_2H_4O_2$	液	-487.02
乙酸	$C_2H_4O_2$	固	-826.76
四氯化碳	CCl_4	液	-139.32
氨基乙酸	$C_2H_5O_2N$	固	-528.56
氨	NH_3	气	-46.02
溴化氢	HBr	气	-35.98
碘化氢	HI	气	25.10

1.1.2　反应焓

在等温、等压条件下由几种化合物或单质反应形成生成物时吸收或释放的热量称为反应焓，以 ΔH_R 表示，单位为 kJ。由后文的 Hess 定律可知，反应焓等于生成物的生成焓总和与反应物的生成焓总和之差。在标准状态下的反应焓称为标准反应焓，以 ΔH_{R298}^0 表示，所以

$$\Delta H_{R298}^0 = \sum_{i=P} n_i \Delta h_{f298i}^0 - \sum_{j=R} n_j \Delta h_{f298j}^0 \tag{1-1}$$

式中，P 为生成物的参数；R 为反应物的参数；n 为物质的量。

对于任意给定压力和温度，反应焓又该如何计算呢？首先对于理想气体而言，焓只是温度的函数，与气体的压力无关。假设某化学反应的方程式如下：

$$\sum_{j=R} n_j R_j \longrightarrow \sum_{i=P} n_i P_i$$

则该反应的反应焓为

$$\Delta H_{RT}^0 = \sum_{i=P} n_i \Delta h_{fTi}^0 - \sum_{j=R} n_j \Delta h_{fTj}^0$$

$$\frac{\mathrm{d}\left(\Delta H_{RT}^0\right)}{\mathrm{d}T} = \sum_{i=P} n_i \frac{\mathrm{d}\left(\Delta h_{fTi}^0\right)}{\mathrm{d}T} - \sum_{j=R} n_j \frac{\mathrm{d}\left(\Delta h_{fTj}^0\right)}{\mathrm{d}T}$$

$$= \sum_{i=P} n_i c_{Pi} - \sum_{j=R} n_j c_{Pj}$$

$$= n_P c_{PP} - n_R c_{PR}$$

式中，n_P、n_R 分别为生成物、反应物的总物质的量；c_{PP}、c_{PR} 分别为生成物、反应物的平均定压比热容。

可见反应焓随温度的变化率等于反应物和生成物的定压比热容之差。这个关系称为 Kirchoff 定律。积分上式可得

$$\Delta H_{RT}^0 = \Delta H_{R298}^0 + \int_{298}^{T} (n_P c_{PP} - n_R c_{PR}) \mathrm{d}T \tag{1-2}$$

式中，反应物和生成物的定压比热容随温度的变化可查有关物性表。若定压比热容视为定值，则

$$\Delta H_{RT}^0 = \Delta H_{R298}^0 + (n_P c_{PP} - n_R c_{PR})(T - 298) \tag{1-3}$$

通常将物质温度偏离标准温度 (即 298K) 所造成物质焓值变化称为显焓，上式表明，任意温度下的反应焓等于标准反应焓加上产物与反应物显焓的差值。

1.1.3 燃烧焓

1mol 的燃料在等温、等压条件下完全燃烧释放出来的热量称为燃烧焓，也称为燃烧热或热值。标准状态下的燃烧焓称为标准燃烧焓，以 Δh_{C298}^0 表示，单位为 kJ/mol。表 1-2 给出了各种燃料的标准燃烧焓。

表 1-2   各种燃料的标准燃烧焓 (1atm、298K，产物中 H_2O 为液态)

名称	分子式	状态	标准燃烧焓/(kJ/mol)
碳 (石墨)	C	固	−393.51
氢	H_2	气	−285.77
一氧化碳	CO	气	−282.84
甲烷	CH_4	气	−881.99
乙烷	C_2H_6	气	−1541.39
丙烷	C_3H_8	气	−2201.61
丁烷	C_4H_{10}	液	−2870.64
戊烷	C_5H_{12}	液	−3486.95
庚烷	C_7H_{16}	液	−4811.18
辛烷	C_8H_{18}	液	−5450.50
十二烷	$C_{12}H_{26}$	液	−8132.43
十六烷	$C_{16}H_{34}$	固	−1070.69
乙烯	C_2H_4	气	−1411.26
甲醇	CH_3OH	液	−712.95
乙醇	C_2H_6O	液	−1370.94
苯	C_6H_6	液	−3273.14
环戊烷	C_5H_{10}	液	−3278.59
环庚烷	C_7H_{14}	液	−4549.26

值得注意的是，碳氢燃料的燃烧产物均含有 H_2O，产物中 H_2O 以气态计算和以液态计算所获得的燃料燃烧焓是不相同的，这是因为两者的生成焓是不同的，液态 H_2O 的标准生成焓为 −285.85kJ/mol，气态 H_2O 的标准生成焓为 −241.84kJ/mol，所以

$$H_2O(g) \longrightarrow H_2O(l) - 44.01kJ/mol$$

$$\Delta h_{298}^0 = -44.01kJ/mol$$

这里 Δh_{298}^0 实际上就是 1mol 液态 H_2O 的汽化潜热, 式中, g 代表气态, l 代表液态。可见产物中的 H_2O 以液态计算比以气态计算的燃烧热高, 工业上也称为高热值, 以气态 H_2O 计算的燃烧焓称为低热值, 记为 LHV。

1.2 热化学定律

在工程实践中有些反应的热效应很难实验测量, 这时可通过某些已知反应的热效应计算出来, 而计算的基础就是热化学定律。

1.2.1 Lavoisier-Laplace 定律

Lavoisier-Laplace 定律指出: 化合物的分解热等于它的生成热, 两者符号相反。例如,

$$CO_2(g) \longrightarrow C(s) + O_2(g) + 393.51kJ/mol$$

$$C(s) + O_2(g) \longrightarrow CO_2(g) - 393.51kJ/mol$$

$CO_2(g)$ 的生成热 (焓) 为 $-393.51kJ/mol$, 式中, s 代表固态。

1.2.2 Hess 定律

在热力学中系统与外界交换的热量是过程量, 而热效应专指定温反应过程中不做有用功时的热量, 可以看作状态量, 即当反应前后物质的种类给定时, 热效应只取决于反应前后的状态, 与中间经历的反应途径无关。根据这一思想, 俄国学者 Hess 在 1840 年指出: 等温化学反应中不管过程是一步还是几步完成, 其产生或吸收的净热量是相同的。这就是 Hess 定律。利用 Hess 定律可以根据一些已知反应的热效应计算那些难以直接测量的反应的热效应。例如,

$$C(s) + \frac{1}{2}O_2(g) \longrightarrow CO(g), \quad \Delta h_{f,CO} = ?$$

碳与氧反应生成一氧化碳的反应在实验中很难控制, 产物中无法保证没有 CO_2 产生, 因此难以直接测量其热效应, 但如果已知下列两个反应的热效应, 就可以通过 Hess 定律计算出碳与氧反应生成一氧化碳的热效应。已知

$$C(s) + O_2(g) \longrightarrow CO_2(g) - 393.51kJ/mol, \quad \Delta h_{C,C} = -393.51kJ/mol$$

$$CO(g) + \frac{1}{2}O_2(g) \longrightarrow CO_2(g) - 282.84kJ/mol, \quad \Delta h_{C,CO} = -282.84kJ/mol$$

将上面两化学方程式相减可得

$$C(s) + \frac{1}{2}O_2(g) \longrightarrow CO(g) - 110.67kJ/mol, \quad \Delta h_{f,CO} = -110.67kJ/mol$$

由此可见

$$\Delta h_{f,CO} = \Delta h_{C,C} - \Delta h_{C,CO}$$

$$= -393.51 - (-282.84)$$

$$= -110.67(kJ/mol)$$

热效应之间的这种关系还可以用图 1-1 表示。

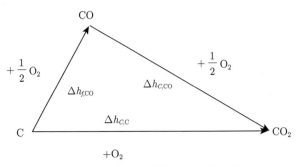

图 1-1　多步反应热效应之间的关系

　　为了计算出反应的热效应，可以借助某些辅助反应，至于反应是否按照中间途径进行则无须考虑。值得注意的是每一个实验数据都会存在一定的误差，因此计算的结果与实验结果有时会略有不同。

　　Hess 定律还可用来根据生成焓计算某些反应的反应焓或燃烧焓。图 1-2 直观给出了反应中的生成焓与反应焓之间的关系图，反应焓等于生成物与反应物的生成焓之差。对于等温的燃烧反应而言，反应焓还可以直接在 H-T 图上表示出来，如图 1-3 所示。图中给出反应物与生成物的总焓随温度变化的曲线，沿等温线 (如图中 T_0) 的两者之差即反应焓，如果 T_0 为标准温度 298K，且压力为 1atm，则获得的反应焓为标准反应焓。根据 Hess 定律与 Kirchoff 定律，在任意温度 T 下的反应焓可以由标准反应焓、反应物从任意温度 T 到标准温度 298K 之间的显焓与生成物从标准温度 298K 到任意温度 T 之间的显焓三者之和确定，图 1-4 给出了任意温度下反应焓、标准反应焓和显焓之间的关系。

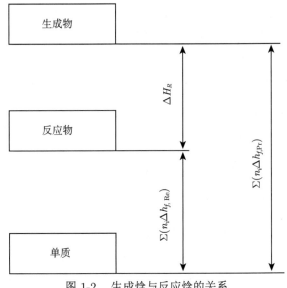

图 1-2　生成焓与反应焓的关系

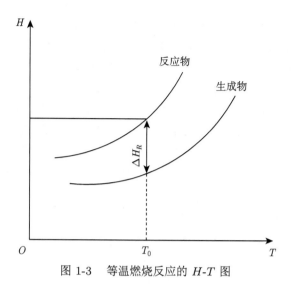

图 1-3　等温燃烧反应的 H-T 图

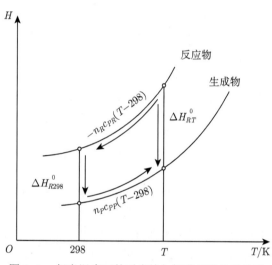

图 1-4　任意温度下的反应焓与标准反应焓的关系

1.3　化学平衡与平衡常数

1.3.1　化学平衡条件

实际的化学反应往往都是可逆反应，在反应物分子间发生反应生成生成物分子的同时，也会发生生成物的分子再反应生成反应物分子，即反应在正、逆两个方向进行。用化学方程式表示为

$$aA + bB \Longleftrightarrow cC + dD \tag{1-4}$$

式中，A、B 表示反应物；C、D 表示生成物；a、b、c、d 为化学计量系数。

通常将反应物分子向生成物分子转变的反应称为正向反应，而生成物分子转变为反应物分子的反应称为逆向反应。当反应体系中反应物与生成物已经以一定的浓度存在，则正向反应与逆向反应将同时存在。如果正向反应的反应速率大于逆向反应的反应速率，则总的结果是反应自左向右进行，反之反应自右向左进行。如果正向反应的反应速率与逆向反应的反应速率相等，则反应处于化学平衡状态。化学平衡是一个动态平衡，此时正、逆方向的反应并没有停止，只是两者的反应速率相等，反应物与生成物的浓度不再发生变化。那么化学平衡在什么条件下才能实现呢？下面来推导化学平衡的条件。

首先看一看等温、等压自发过程的热力平衡条件。根据热力学第一定律有

$$\delta Q = \mathrm{d}U + p\mathrm{d}V$$

因为自发过程是不可逆过程，则由热力学第二定律有

$$\mathrm{d}S > \frac{\delta Q}{T}$$

所以

$$T\mathrm{d}S > \mathrm{d}U + p\mathrm{d}V$$

对于定温、定压过程，上式可改写为

$$\mathrm{d}(U + pV - TS)_{T,p} < 0$$
$$\mathrm{d}(H - TS)_{T,p} < 0$$
$$\mathrm{d}G_{T,p} < 0$$

式中，$G = H - TS$ 为自由焓，也称为吉布斯 (Gibbs) 函数。由上式可知，等温、等压自发过程总是向自由焓减小的方向进行。当过程达到平衡状态时，自由焓取最小值，且 $\mathrm{d}G_{T,p} = 0$，这就是等温、等压条件下系统的热力平衡条件。将这个判据推广到化学平衡中去，在化学反应系统中反应引起自由焓的变化量称为"反应自由焓"，用 $\Delta G_{R,T}^{p}$ 表示，这里"Δ"代表反应自由焓是过程量，而非状态量。当化学反应系统达到化学平衡状态时，自由焓达到最小值，此时反应自由焓将不再变化，即

$$\mathrm{d}\left(\Delta G_{R,T}^{p}\right) = 0 \tag{1-5}$$

式 (1-5) 就是化学平衡条件。

在标准状态下，反应自由焓的计算与反应焓的计算相类似：

$$\Delta G_{R298}^{0} = \sum_{i=P} n_i \Delta g_{f298i}^{0} - \sum_{j=R} n_j \Delta g_{f298j}^{0} \tag{1-6}$$

式中，Δg_{f298}^{0} 为标准生成自由焓，单位是 kJ/mol。一些物质的标准生成自由焓如表 1-3 所示。

表 1-3　物质的标准生成自由焓 Δg_{f298}^0 (1atm、298K)　　　　　　(单位：kJ/mol)

气体		气态有机化合物		
H_2O	−228.61	甲烷	CH_4	−50.79
O_3	163.43	乙烷	C_2H_6	−32.89
HCl	−95.27	丙烷	C_3H_8	−23.47
HBr	−53.22	正丁烷	C_4H_{10}	−15.69
HI	1.55	异丁烷	C_4H_{10}	−17.99
SO_2	−300.37	正戊烷	C_5H_{12}	−8.20
SO_3	−370.37	异戊烷	C_5H_{12}	−14.64
H_2S	−33.01	新戊烷	C_5H_{12}	−15.06
N_2O	104.18	乙烯	C_2H_4	68.12
NO	86.69	乙炔	C_2H_2	200.92
NO_2	51.84	1-丁烯	C_4H_8	72.05
NH_3	−16.61	顺-2-丁烯	C_4H_8	65.86
CO	−137.28	反-2-丁烯	C_4H_8	62.97
CO_2	−394.38	异丁烯	C_4H_8	58.07
气体原子		1,3-丁二烯	C_6H_6	150.67
H	203.26	氯甲烷	CH_3Cl	−58.58
F	59.41	液态有机化合物		
Cl	105.39	甲醇	CH_2OH	−166.23
Br	82.38	乙醇	C_2H_5OH	−174.73
I	70.17	乙酸	$C_2H_4O_2$	−392.46
C	673.00	苯	C_6H_6	129.70
N	340.87	三氯甲烷	$CHCl_3$	−71.55
O	230.08	四氯甲烷	CCl_4	−68.62

式 (1-6) 为标准状态下的反应自由焓，要计算任意温度、压力下的反应自由焓，需首先确定自由焓与压力、温度的关系。

根据热力学的定义：$g = h - Ts$，微分有

$$\begin{aligned}
\mathrm{d}g &= \mathrm{d}h - \mathrm{d}(Ts) \\
&= \mathrm{d}u + \mathrm{d}(pv) - \mathrm{d}(Ts) \\
&= \mathrm{d}u + p\mathrm{d}v + v\mathrm{d}p - T\mathrm{d}s - s\mathrm{d}T \\
&= v\mathrm{d}p - s\mathrm{d}T
\end{aligned} \tag{1-7}$$

暂不考虑温度的影响，令 $\mathrm{d}T=0$

$$\mathrm{d}g_T = v\mathrm{d}p_T = \frac{RT}{p}\mathrm{d}p_T$$

从状态 (p_0, T) 到 (p, T) 积分上式可得

$$g_T^p = g_T^0 + RT\ln\frac{p}{p_0}$$

对于化学反应系统，此时反应过程代替简单热力过程，反应自由焓代替自由焓，即

$$\Delta g_T^p = \Delta g_T^0 + RT \ln \frac{p}{p_0} \tag{1-8}$$

式 (1-8) 为压力对反应自由焓的影响。下面讨论温度对自由焓的影响，同理暂不考虑压力的作用，令 $\mathrm{d}p = 0$，则由式 (1-7) 可得

$$\mathrm{d}g_p = -s\mathrm{d}T_p$$

$$\left(\frac{\partial g}{\partial T} \right)_p = -s = \frac{g - h}{T} \tag{1-9}$$

式 (1-9) 为定压条件下自由焓与温度之间的关系，又称为 Gibbs-Helmholtz 方程。同理，对于化学反应系统，这里可以用反应自由焓代替自由焓，反应焓代替焓，所以上式可改写为

$$\left(\frac{\partial (\Delta g)}{\partial T} \right)_p = \frac{\Delta g - \Delta h}{T} \tag{1-10}$$

式 (1-10) 代表了温度对反应自由焓的影响。

1.3.2 化学平衡常数

由前面的分析可知，处于化学平衡状态时正向反应的反应速率与逆向反应的反应速率相等，此时体系中同时包含了反应物与生成物，且各组分的浓度不再发生变化。1867 年，Guldberg 和 Wage 在他们的研究中提出了化学反应速率与反应物浓度之间的关系，即质量作用定律。设化学反应的一般式为

$$\sum a_i \mathrm{A}_i \xrightarrow{k} \sum a_i' \mathrm{A}_i'$$

式中，a_i、a_i' 为化学计量系数。在温度不变的情况下，反应速率可表示为

$$w = k C_{\mathrm{A}_1}^{a_1} C_{\mathrm{A}_2}^{a_2} C_{\mathrm{A}_3}^{a_3} \cdots = k \prod C_{\mathrm{A}_i}^{a_i}$$

式中，w、k、C 分别为化学反应速率、反应速率常数及摩尔浓度。由上式可知，在温度不变的情况下，化学反应速率与各反应物的浓度的乘积成正比，其中浓度的指数为各自的化学计量系数。这就是质量作用定律，它适用于简单反应或复杂反应的基元反应。

以可逆反应 $a\mathrm{A} + b\mathrm{B} \Longleftrightarrow c\mathrm{C} + d\mathrm{D}$ 为例：

正向反应速率为 $w_1 = k C_{\mathrm{A}}^a C_{\mathrm{B}}^b$

逆向反应速率为 $w_2 = k' C_{\mathrm{C}}^c C_{\mathrm{D}}^d$

当达到化学平衡时，$w_1 = w_2$，由此可得

$$k C_{\mathrm{A}}^a C_{\mathrm{B}}^b = k' C_{\mathrm{C}}^c C_{\mathrm{D}}^d$$

令

$$k_C = \frac{k}{k'} = \frac{C_{\mathrm{C}}^c C_{\mathrm{D}}^d}{C_{\mathrm{A}}^a C_{\mathrm{B}}^b} \tag{1-11}$$

式中，k_C 即为以浓度定义的平衡常数，它代表了化学平衡时正向反应速率常数与逆向反应速率常数之比。

对于气体反应系统，反应物浓度可以用分压力来表示：

$$C_{A_i} = \frac{n_{A_i}}{V} = \frac{p_{A_i}}{RT}$$

代入式 (1-11) 可得

$$k_C = \frac{k}{k'} = \frac{C_C^c C_D^d}{C_A^a C_B^b} = \left(\frac{1}{RT}\right)^{c+d-a-b} \frac{p_C^c p_D^d}{p_A^a p_B^b}$$

令

$$k_p = \frac{p_C^c p_D^d}{p_A^a p_B^b} \tag{1-12}$$

式中，k_p 为以分压力定义的平衡常数。

1.3.3　平衡常数与反应自由焓的关系

以下列反应为例：

$$aA + bB \longrightarrow cC + dD$$

其标准反应自由焓为

$$\Delta G_R^0 = c\Delta g_{fC}^0 + d\Delta g_{fD}^0 - a\Delta g_{fA}^0 - b\Delta g_{fB}^0 \tag{1-13}$$

在任意给定的压力下的反应自由焓为

$$\Delta G_R^p = c\Delta g_{fC}^p + d\Delta g_{fD}^p - a\Delta g_{fA}^p - b\Delta g_{fB}^p \tag{1-14}$$

式 (1-14) 减去式 (1-13) 可得

$$\begin{aligned}
\Delta G_R^p - \Delta G_R^0 &= c\left(\Delta g_{fC}^p - \Delta g_{fC}^0\right) + d\left(\Delta g_{fD}^p - \Delta g_{fD}^0\right) \\
&\quad - a\left(\Delta g_{fA}^p - \Delta g_{fA}^0\right) - b\left(\Delta g_{fB}^p - \Delta g_{fB}^0\right) \\
&= RT(c\ln p_C + d\ln p_D - a\ln p_A - b\ln p_B) \\
&= RT\ln \frac{p_C^c p_D^d}{p_A^a p_B^b} \\
&= RT\ln k_p
\end{aligned}$$

上式推导中取 $p_0 = 1\text{atm}$，各分压力的单位均为 atm。当达到化学平衡时 $\Delta G_R^p = 0$，所以

$$\ln k_p = -\frac{\Delta G_R^0}{RT} \tag{1-15}$$

式中，标准反应自由焓与反应物、生成物的标准生成自由焓及其化学计量系数有关，与反应条件无关，所以平衡常数 k_p 只是温度的函数。

1.4 燃烧过程的热力计算

燃烧装置的设计及性能估算都需要进行燃烧过程的热力计算，主要包括理论空气量的计算、燃烧产物的计算以及燃烧火焰温度的计算，这些计算的理论基础为质量守恒原理与能量守恒原理。本节只讨论理论空气量及绝热燃烧火焰温度的计算方法。

1.4.1 理论空气量

燃料燃烧是一个剧烈的氧化反应过程，燃烧过程所需的氧气量通常由空气来提供。在燃烧装置中，供入的燃料完全燃烧掉且没有多余的氧气，此时所需的空气量为理论上的空气量。1kg 燃料完全燃烧所需的理论空气量，用 L_0(kg-air/kg-fuel) 或 V_0(kmol-air/kg-fuel) 表示。理论空气量可根据化学反应方程式来计算。以碳氢燃料 C_xH_y 为例，化学反应方程式可写为

$$C_xH_y + a(O_2 + 3.76N_2) \longrightarrow xCO_2 + \frac{y}{2}H_2O + 3.76aN_2$$

各物质的量：$12x+y$　$a(32+3.76\times28)$　　$44x$　　$9y$　　$3.76a\times28$
式中，$a = x + y/4$，"3.76" 为空气中氮气与氧气的摩尔比，则

$$L_0 = \frac{a(32 + 3.76 \times 28)}{12x + y} = \frac{137.28 \times (x + y/4)}{12x + y} \quad \text{(kg-air/kg-fuel)}$$

因为碳氢燃料大多是烃类混合物，所以有些燃料没有确定的分子式，只有通过元素分析确定燃料中所含元素的百分比。一般的碳氢燃料由 C、H、O、N、S 等元素组成，假设这些元素的质量百分比分别为 w_C、w_H、w_O、w_N、w_S，且

$$w_C + w_H + w_O + w_N + w_S = 100\%$$

其中可燃元素为 C、H、S，这些元素的反应式为

$$C + O_2 \longrightarrow CO_2, \quad H_2 + \frac{1}{2}O_2 \longrightarrow H_2O, \quad S + O_2 \longrightarrow SO_2$$

燃烧 1kg 燃料理论所需空气为

$$V_0 = \frac{1}{0.21}\left(\frac{w_C}{12} + \frac{w_H}{4} + \frac{w_S}{32} - \frac{w_O}{32}\right) \quad \text{(kmol-O}_2\text{/kg-fuel)}$$

或

$$L_0 = \frac{32}{0.232}\left(\frac{w_C}{12} + \frac{w_H}{4} + \frac{w_S}{32} - \frac{w_O}{32}\right) \quad \text{(kg-O}_2\text{/kg-fuel)}$$

燃烧产物的计算与理论空气量的计算方法相似，这里不作讨论，请读者自行计算。

1.4.2 过量空气系数和当量比

在燃烧装置中实际供入的空气量可能比理论所需空气量多得多，这是出于更好地组织燃烧的目的。描述实际供入的空气量与理论上的空气量关系的参数包括过量空气系数、当量比等，这里作简要介绍。

1. 过量空气系数

燃烧过程实际供入的空气量与理论所需空气量之比称为过量空气系数，也称为余气系数，用 α 表示，可用下式计算：

$$\alpha = \frac{m_a}{m_f L_0} \tag{1-16}$$

式中，m_a、m_f 分别为实际供入的空气量与燃料量；L_0 为 1kg 燃料的理论空气量。当

$$\alpha < 1 时，富燃料 (油) 燃烧$$

$$\alpha = 1 时，按化学恰当比燃烧$$

$$\alpha > 1 时，贫燃料 (油) 燃烧$$

2. 当量比

实际供油量与理论供油量之比，称为当量比，用 ϕ 表示。可根据下式计算：

$$\phi = \frac{m_f}{m_a / L_0} \tag{1-17}$$

可见当量比与过量空气系数之间有

$$\phi = \frac{1}{\alpha}$$

除了过量空气系数、当量比以外，常用的表示实际空气量与供油量关系的还有油气比 (m_f / m_a)，燃油与空气刚好都烧完称为化学恰当油气比或理论油气比，它是理论空气量 L_0 的倒数。所以当量比还可以表示为

$$\phi = \frac{m_f / m_a}{(m_f / m_a)_{stoi}}$$

即当量比还可表达为实际油气比与化学恰当 (理论) 油气比之比。

1.4.3 绝热火焰温度

通常燃烧过程可近似为等压或等容过程，若燃烧过程是在绝热条件下完成的，则系统最终达到的温度称绝热火焰温度，或称理论燃烧温度，用 T_m 或 T_{ad} 表示。对于等压燃烧而言，绝热火焰温度取决于燃烧释放出来的燃烧焓。这里引入总焓的概念，总焓又称绝对焓，是物质标准生成焓与显焓之和。若用 ΔH_R 表示反应物的总焓，ΔH_P 表示平衡时产物的总焓，根据能量守恒原理，在绝热条件下有

$$\Delta H_R = \Delta H_P \tag{1-18}$$

假设反应前反应物的温度为 T_1，则反应物的总焓为全部反应物的生成焓之和，即

$$\Delta H_R = \sum_i n_i \Delta h_{fi} + \sum_i \int_{T_0}^{T_1} n_i C_{P,i} \mathrm{d}T$$

而燃烧产物的总焓则包括其各组分的生成焓之和与产物最终状态时的显焓，即

$$\Delta H_P = \sum_j n_j \Delta h_{fj} + \sum_j \int_{T_0}^{T_m} n_j C_{P,j} \mathrm{d}T$$

将上述两式代入式 (1-18) 得

$$\sum_i n_i \Delta h_{fi} + \sum_i \int_{T_0}^{T_1} n_i C_{P,i} \mathrm{d}T = \sum_j n_j \Delta h_{fj} + \sum_j \int_{T_0}^{T_m} n_j C_{P,j} \mathrm{d}T$$

$$\sum_j \int_{T_0}^{T_m} n_j C_{P,j} \mathrm{d}T = -\sum_j n_j \Delta h_{fj} + \sum_i n_i \Delta h_{fi} + \sum_i \int_{T_0}^{T_1} n_i C_{P,i} \mathrm{d}T$$

$$= -\Delta H_{C,T_0} + \sum_i \int_{T_0}^{T_1} n_i C_{P,i} \mathrm{d}T \approx -\Delta H_{C,T_0} \qquad (1\text{-}19)$$

如果燃烧反应是完全的，即反应物全部转变为完全燃烧的产物，则产物的成分是可以确定的，式 (1-19) 中未知量只有 T_m 一个，可直接计算出绝热火焰温度。式 (1-19) 中反应物的显焓与反应热相比非常小，工程计算时可以忽略不计。图 1-5 的 $H\text{-}T$ 图可以说明利用能量守恒计算绝热火焰温度的原理。

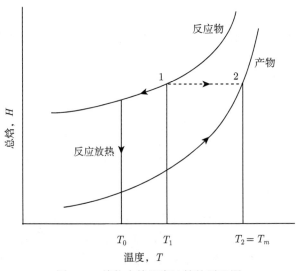

图 1-5 绝热火焰温度计算的原理图

如果考虑到化学平衡，此时最终产物的成分又取决于 T_m，即平衡成分与最终温度 T_m 是两个相互依赖的未知量，因此要计算 T_m，必须建立平衡成分与 T_m 之间的关系式。对于无离解的简单反应，可引入 "反应度" 概念来计算平衡时的成分。

根据化学反应平衡原理可知，任何一种化学反应都存在一平衡状态，反应物经反应变成产物的程度是有限的，这种反应程度用反应度 λ 表示。以化学方程式 (1-4) 为例，当反应系统在特定的 p、T 条件下达到平衡时，系统内反应物与产物的量的关系可表达为

$$\overset{\text{反应开始时}}{a\text{A} + b\text{B}} \quad\longrightarrow\quad \overset{\text{反应平衡时}}{(1 - \lambda)(a\text{A} + b\text{B}) + \lambda(c\text{C} + d\text{D})} \tag{1-20}$$

当 $\lambda=0$ 时表示反应刚开始，$\lambda=1$ 时表示反应已经完成，因为反应物不可能完全转化为产物，因此通常 $0 < \lambda < 1$，此时反应系统内各组成的摩尔分数为

$$\left.\begin{aligned} x_{\text{A}} &= \frac{a(1 - \lambda)}{(1 - \lambda)(a + b) + \lambda(c + d)} \\ x_{\text{B}} &= \frac{b(1 - \lambda)}{(1 - \lambda)(a + b) + \lambda(c + d)} \\ x_{\text{C}} &= \frac{c\lambda}{(1 - \lambda)(a + b) + \lambda(c + d)} \\ x_{\text{D}} &= \frac{d\lambda}{(1 - \lambda)(a + b) + \lambda(c + d)} \end{aligned}\right\} \tag{1-21}$$

根据分压力定律：$p_i = x_i p$，则化学平衡常数可改写为

$$k_p = \frac{p_{\text{C}}^c p_{\text{D}}^d}{p_{\text{A}}^a p_{\text{B}}^b} = \frac{x_{\text{C}}^c x_{\text{D}}^d}{x_{\text{A}}^a x_{\text{B}}^b} p^{(c+d)-(a+b)} \tag{1-22}$$

式 (1-21)、式 (1-22) 给出了 k_p 与反应度及平衡时各组分成分的关系，而 k_p 与温度的关系可通过式 (1-15) 给出，也可以通过下面的表达式计算

$$\log k_p(T) = c \log k_{p,\text{C}}^0(T) + d \log k_{p,\text{D}}^0(T) - a \log k_{p,\text{A}}^0(T) - b \log k_{p,\text{B}}^0(T)$$

式中，$k_p^0(T)$ 为各组元生成反应的平衡常数，可查燃烧反应参数表。以上分析建立了温度与平衡成分之间的关系。

考虑到反应度不可能等于 1，式 (1-19) 可改写为

$$\sum_i \int_{T_0}^{T_m} n_i(1 - \lambda)C_{P,i}\mathrm{d}T + \sum_j \int_{T_0}^{T_m} n_j \lambda C_{P,j}\mathrm{d}T = -\lambda \Delta H_{C,T_0} \tag{1-23}$$

至此 T_m 的计算可归纳为如下步骤：

(1) 假定一个 T_m^0 值，根据式 (1-15)、式 (1-21)、式 (1-22) 计算出反应度及平衡成分；

(2) 根据反应物、生成物的生成焓及初始温度、压力，计算反应放热量 $\Delta H_{C,T_0}$；

(3) 由式 (1-23) 计算出 T_m^1，若 T_m^1 不等于 T_m^0，则重新假定 T_m 值，并重复该计算程序，直到两者近似相等。

对于高温条件下有离解时的绝热火焰温度及燃烧产物的计算就比较复杂。下面就来分析这种计算方法。

设燃料的一般分子式为 $C_n H_m O_p$，氧化剂的一般分子式为 $H_t N_u O_v C_q$，当它们进行反应只产生 CO_2、H_2O 及 N_2 时，其燃烧反应的通式可写成

$$C_n H_m O_p + \alpha V_0 H_t N_u O_v C_q =\!=\!= (n + \alpha V_0 q)CO_2 + 0.5(m + \alpha V_0 t)H_2O + 0.5\alpha V_0 u N_2$$

研究表明，在高温下三原子气体的离解按下列方式进行：

$$CO_2 \Longleftrightarrow CO + 0.5O_2$$

$$H_2O \Longleftrightarrow H_2 + 0.5O_2$$

$$H_2O \Longleftrightarrow OH + 0.5H_2$$

在更高的温度下，双原子分子 H_2 和 O_2 也将离解：

$$H_2 \Longleftrightarrow 2H$$

$$O_2 \Longleftrightarrow 2O$$

在高温环境下，燃料及空气中的氮气也可能被氧化：

$$0.5N_2 + 0.5O_2 \longrightarrow NO$$

综上所述，在高温条件下燃烧产物一般由十种气体组成：CO_2、CO、H_2O、OH、N_2、NO、H、H_2、O_2 及 O。对以上六个离解方程可写出六个化学平衡方程，即

$$\frac{p_{CO}p_{O_2}^{0.5}}{p_{CO_2}} = k_{p1} \tag{1-24}$$

$$\frac{p_{H_2}p_{O_2}^{0.5}}{p_{H_2O}} = k_{p2} \tag{1-25}$$

$$\frac{p_{OH}p_{H_2}^{0.5}}{p_{H_2O}} = k_{p3} \tag{1-26}$$

$$\frac{p_H^2}{p_{H_2}} = k_{p4} \tag{1-27}$$

$$\frac{p_O^2}{p_{O_2}} = k_{p5} \tag{1-28}$$

$$\frac{p_{NO}}{p_{N_2}^{0.5}p_{O_2}^{0.5}} = k_{p6} \tag{1-29}$$

于是得到了含燃烧产物分压力的六个方程。根据道尔顿分压定律可列出第七个方程：

$$p_{CO} + p_{CO_2} + p_{H_2O} + p_{H_2} + p_{OH} + p_{N_2} + p_{O_2} + p_{NO} + p_H + p_O = p_t \tag{1-30}$$

其中，p_t 为燃烧室内的压力。

为了解出十个分压力，必须有十个方程，但现在只有七个方程，尚缺三个方程，这三个方程可以通过各元素的原子数目守恒方程求得：

C 原子守恒：$n_{CO_2} + n_{CO} = n + \alpha V_0 q$ \tag{1-31}

H 原子守恒：$2n_{H_2O} + 2n_{H_2} + n_{OH} + n_H = m + \alpha V_0 t$ 　　　　　　　(1-32)

O 原子守恒：$2n_{CO_2} + n_{CO} + n_{H_2O} + n_{OH} + 2n_{O_2} + n_{NO} + n_O = p + \alpha V_0 v$ 　(1-33)

N 原子守恒：$2n_{N_2} + n_{NO} = \alpha V_0 u$ 　　　　　　　　　　　　(1-34)

因为

$$n_i = n_t \frac{p_i}{p_t}$$

其中，n_t 为混合气的总物质的量；下标 i 表示某一个产物气体。所以式 (1-31)~式 (1-34) 可写成

$$\frac{n_t}{p_t}(p_{CO_2} + p_{CO}) = n + \alpha V_0 q \tag{1-35}$$

$$\frac{n_t}{p_t}(2p_{H_2O} + 2p_{H_2} + p_{OH} + p_H) = m + \alpha V_0 t \tag{1-36}$$

$$\frac{n_t}{p_t}(2p_{CO_2} + p_{CO} + p_{H_2O} + p_{OH} + 2p_{O_2} + p_{NO} + p_O) = p + \alpha V_0 v \tag{1-37}$$

$$\frac{n_t}{p_t}(2p_{N_2} + p_{NO}) = \alpha V_0 u \tag{1-38}$$

用式 (1-35) 除式 (1-36)~式 (1-38) 得

$$\frac{2p_{H_2O} + 2p_{H_2} + p_{OH} + p_H}{p_{CO_2} + p_{CO}} = \frac{m + \alpha V_0 t}{n + \alpha V_0 q} \tag{1-39}$$

$$\frac{2p_{CO_2} + p_{CO} + p_{H_2O} + p_{OH} + 2p_{O_2} + p_{NO} + p_O}{p_{CO_2} + p_{CO}} = \frac{p + \alpha V_0 v}{n + \alpha V_0 q} \tag{1-40}$$

$$\frac{2p_{N_2} + p_{NO}}{p_{CO_2} + p_{CO}} = \frac{\alpha V_0 u}{n + \alpha V_0 q} \tag{1-41}$$

由此就得到了另外三个方程，与前面的六个化学平衡方程及分压力方程可解出十个产物气体的分压力，前提是知道燃烧产物的温度 T_m，因此还需要第 11 个方程，即能量守恒方程

$$\sum_j \int_{T_0}^{T_m} n_j C_{P,j} dT = -\Delta H_{C,T_0} \tag{1-42}$$

这样由式 (1-24)~式 (1-30)、式 (1-39)~式 (1-42) 共 11 个方程可计算出十个产物成分及绝热火焰温度。

1.5　化学反应速率

按反应机制的复杂程度，通常把反应分成两大类：简单反应及复杂反应。所谓简单反应是指反应物经一步反应直接生成产物的反应，而复杂反应是指反应不是一步完成，需要通

过生成中间产物的许多反应步骤才能完成，其中每一步反应称为复杂反应的基元反应。例如，

$$H_2 + Cl_2 \longrightarrow 2HCl$$

上式只代表反应的总结果，也称之为总包反应，它不代表反应进行的步骤，其真实反应为

$$Cl_2 \longrightarrow 2Cl$$

$$Cl + H_2 \longrightarrow HCl + H$$

$$H + Cl_2 \longrightarrow HCl + Cl$$

本节从简单反应或复杂反应的基元反应入手，介绍反应速率及相关概念，并探讨影响反应速率的因素与影响规律。

1.5.1 浓度及其表示法

单位容积中所含某物质的量为该物质的浓度，包括：

摩尔浓度：单位容积内某物质的摩尔数，用 C_i 表示

$$C_i = \frac{n_i}{V}$$

式中，n_i 为 i 物质的摩尔数，此外摩尔浓度的常见表达方式还有分子式加方括号的形式，例如 $[O_2]$、$[OH]$、$[H]$ 等。

质量浓度：单位容积内某物质的质量，用 ρ_i 表示

$$\rho_i = \frac{m_i}{V}$$

式中，m_i 为 i 物质的质量。

质量浓度与摩尔浓度的关系为

$$\rho_i = M_i C_i$$

式中，M_i 为 i 物质的摩尔质量。

在燃烧学中，有时会用相对浓度来表示物质的量。包括：

摩尔相对浓度：某物质的摩尔数与同一容积内总摩尔数的比值，用 X_i 表示

$$X_i = \frac{n_i}{n} = \frac{C_i}{C}$$

式中，n、C 分别为总摩尔数与总摩尔浓度。

质量相对浓度：某物质的质量与同一容积内总质量之比，用 Y_i 或 f_i 表示

$$Y_i = \frac{m_i}{m} = \frac{\rho_i}{\rho}$$

式中，m、ρ 分别为总质量与总质量浓度。

1.5.2　化学反应速率定义

在化学反应过程中，随着反应的进行，反应物的浓度不断减小，产物的浓度不断增大。单位时间内反应物浓度的减少或生成物浓度的增加，称为该反应物消耗速率或产物的生成速率，用 w_i 表示，单位为 $mol/(m^3 \cdot s)$。以如下反应为例：

$$aA + bB \longrightarrow cC + dD \tag{1-43}$$

反应物 A、B 的消耗速率及生成物 C、D 的生成速率可表示为

$$w_A = -\frac{dC_A}{dt}, \quad w_B = -\frac{dC_B}{dt}, \quad w_C = \frac{dC_C}{dt}, \quad w_D = \frac{dC_D}{dt}$$

根据化学平衡方程，显然有 $w_A : w_B : w_C : w_D = a : b : c : d$。令

$$\frac{w_A}{a} = \frac{w_B}{b} = \frac{w_C}{c} = \frac{w_D}{d} = w$$

式中，w 为化学反应方程式 (1-43) 的化学反应速率，即化学反应速率定义为某个反应物的消耗速率或产物的生成速率除以它的化学计量系数。

1.5.3　化学反应速率方程式

表示反应速率与浓度等参数之间关系的式子称为化学反应速率方程式，也称为动力学方程式。对于简单反应或复杂反应的基元反应，质量作用定律告诉我们，在温度不变的条件下，化学反应速率与参与反应的各反应物浓度的乘积成正比，其中反应物浓度的指数为化学计量系数。如式 (1-43) 的反应速率方程式为

$$w = kC_A^a C_B^b \tag{1-44}$$

式中，k 为化学反应速率常数，与反应温度及反应物的物理化学性质有关。

1.5.4　反应级数及反应分子数

反应速率与反应物的浓度的几次方成正比例，动力学上则称为几级反应。如

一级反应：　　　　　　　$w = kC_A$

二级反应：　　　　　　　$w = kC_A^2$

　　　　　　　　　　　　$w = kC_A C_B$

三级反应：　　　　　　　$w = kC_A^2 C_B$

　　　　　　　　　　　　$w = kC_A C_B C_C$

......

由此可见，反应级数也就是反应速率方程式中各反应物浓度项的指数之和。如式 (1-44) 的反应级数 $n = a + b$。

简单反应或基元反应的速率方程式都具有简单的级数，如一级、二级，只有少数几个反应是三级反应，三级以上的反应还没有发现过。

复杂反应一般不具有简单的级数，其反应级数完全由实验确定。这是因为一个复杂反应方程式所表示的反应往往是由一系列反应步骤来完成的，反应级数主要取决于反应机制

中最慢的步骤。所以复杂反应的反应级数可以是正整数，也可以是分数，如常见的碳氢燃料在空气中燃烧的反应级数为 1.5~2。

在物理学上常根据发生碰撞反应的分子数 (或原子数) 将反应分为单分子反应、双分子反应等，对于简单反应和基元反应而言，反应分子数与反应级数是一致的，如

$$Cl + H_2 \longrightarrow HCl + H \tag{1-45}$$

式 (1-45) 是 H_2 与 Cl_2 反应的一个基元反应，这是一个双分子反应，同时其反应级数为 2。

但应当注意的是，反应级数与反应分子数是两个不同的概念。反应分子数只对简单反应与基元反应而言，对于复杂反应，不能根据反应平衡方程式决定反应分子数，如

$$Cl_2 + H_2 \longrightarrow 2HCl \tag{1-46}$$

不能将上式看成一个双分子反应，因为它不是一步完成的简单反应，而是包含多个基元步骤的链式反应。

正确区分反应分子数与反应级数非常重要。反应分子数的概念只能用于基元反应，反应级数则是实验测定浓度对反应速率影响的总结果。反应分子数的概念主要用来解释反应机制，而反应级数则是用以区分各种实验测定的反应速率方程式的类型。

1.6　影响反应速率的因素

1.6.1　压力、浓度对反应速率的影响

对于一个恒温的气体反应系统而言，反应物的浓度可表示为

$$C_i = \frac{p_i}{RT} = \frac{X_i p}{RT}$$

代入式 (1-44) 可得

$$w = k \left(\frac{p}{RT}\right)^n X_A^a X_B^b$$

式中，$n = a+b$，为反应级数；X_A、X_B 为 A、B 两反应物相对摩尔浓度，显然 $X_A + X_B = 1$，因此 $X_B = 1 - X_A$，代入上式得

$$w = k \left(\frac{p}{RT}\right)^n X_A^a (1 - X_A)^b \tag{1-47}$$

式 (1-47) 表明在恒温反应条件下，反应速率与压力的 n(反应级数) 次方成正比，即

$$w \propto p^n$$

下面讨论浓度对反应速率的影响。为了方便，假设反应为双分子反应，则式 (1-47) 可改写为

$$w = k \left(\frac{p}{RT}\right)^2 X_A (1 - X_A) \tag{1-48}$$

对式 (1-48) 求极值，令 $\dfrac{\mathrm{d}w}{\mathrm{d}X_{\mathrm{A}}} = 0$，则反应速率取最大值，此时

$$X_{\mathrm{A}} = X_{\mathrm{B}} = 0.5$$

图 1-6 给出了双分子反应 $w\text{-}X_{\mathrm{A}}$ 的关系曲线，表明反应速率随反应物的浓度变化而变化，反应物浓度过大或过小都将使反应速率下降。当反应物中含有惰性物质时，会降低最高反应速率，但不会改变最大反应速率的位置。

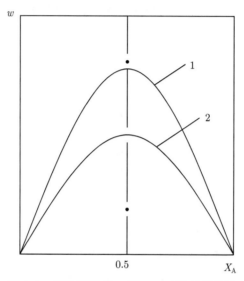

图 1-6　双分子反应 w 随 X_{A} 变化关系曲线

1-纯混合气；2-含惰性气体的混合气

1.6.2　温度对化学反应速率的影响

Arrhenius 对不同温度下的等温反应过程进行了大量的实验，发现了反应速率常数与温度之间存在下列关系：

$$k = k_0 \exp\left(-\frac{E}{RT}\right) \tag{1-49}$$

式 (1-49) 称为 Arrhenius 定律。式中，k_0、E 为实验常数；R 为摩尔气体常量。

Arrhenius 定律是大量实验的结果，与运用分子碰撞理论对反应速率的解释是吻合的。根据分子碰撞理论，式 (1-49) 中 E 为相互碰撞分子的活化能；k_0 为频率因子或指前因子，与相互碰撞的分子质量、尺寸有关，对于宽温度范围下的多数基元反应，k_0 也与温度有关，可修正为 $k_0 = BT^{\alpha}$，这里 B 为常数，α 为温度指数。

式 (1-49) 还可以写成

$$\ln k = -\frac{E}{RT} + \ln k_0 \tag{1-50}$$

按上式以 $\ln k\text{-}1/T$ 作图，可得一直线，直线的斜率为 $-E/R$，由此可求活化能，如图 1-7 所示。

根据质量作用定律及 Arrhenius 定律，可以写出更完整的反应速率方程式，式 (1-44) 可以改写成

$$w = k_0 C_A^a C_B^b \exp\left(-\frac{E}{RT}\right) \tag{1-51}$$

或

$$w = k_0 \rho^n Y_A^a Y_B^{n-a} \exp\left(-\frac{E}{RT}\right) \tag{1-52}$$

式中，ρ 为混合气的密度；Y_A、Y_B 分别为反应物 A、B 的质量相对浓度；n 为反应级数。

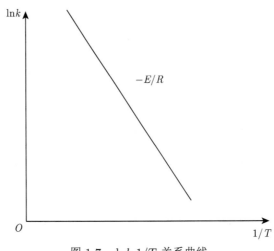

图 1-7 $\ln k$-$1/T$ 关系曲线

1.6.3   活化能对化学反应速率的影响

化学反应是体系内原子、分子等相互碰撞的结果，通过碰撞造成一个或多个化学键断裂或形成，从而将反应物转变为产物。根据分子运动理论，在反应体系内单位时间、单位体积内反应物的原子、分子相互碰撞的次数是巨大的，但化学反应速率常常是有限的，这是因为并不是所有的碰撞都能够发生反应，只有那些碰撞能量足够大时才能发生反应，将能够发生反应碰撞的最小能量称为活化能。图 1-8 揭示了活化能的具体含义。如图所示，反应物 A 变成生成物 C 时，中间要经过一个活化态 B，反应物 A 必须克服一定的能量障碍 E_1，才能达到活化态 B，这时反应物内部的原子才可能拆开，最后再变成产物 C。E_1 就是这一反应的活化能。图中产物 C 的能量级比反应物 A 低，这表明反应物 A 转变为产物 C 的反应将放出热量ΔH。同理，E_2 为逆反应 C 到 A 的活化能，而 ΔH 是逆反应将要吸收的热量。

一般化学反应的活化能均在 42~420kJ/mol，其中大多数在 60~250kJ/mol。活化能小于 42kJ/mol 的反应，由于反应速率很快，一般实验方法已难以测定。活化能大于 420kJ/mol 的反应，由于反应速率极慢，可以认为不发生。

由 Arrhenius 定律可以看出，活化能 E 的大小既反映了反应进行的难易程度，也反映了温度对反应速率常数的影响的大小。E 值较大时，温度升高，k 值的增大就很明显，反

之就不明显。表 1-4 列出了活化能对反应速率的影响。

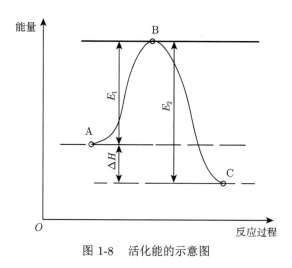

图 1-8　活化能的示意图

表 1-4　$\exp(-E/RT)$ 与 T、E 的关系

T/K	$E=83.68\text{kJ/mol}$		$E=167.36\text{kJ/mol}$	
	$\exp(-E/RT)$	倍数	$\exp(-E/RT)$	倍数
500	1×10^{-9}	1	3.4×10^{-18}	1
1000	4×10^{-5}	4×10^{4}	1×10^{-9}	3×10^{8}
1500	10^{-3}	10^{6}	1.5×10^{-6}	4.4×10^{11}

可见当温度升高时，活化能较高的反应速率增加的倍数比活化能较低的反应速率增加的倍数大，即温度升高更有利于活化能较大的反应。

1.7　链式反应

链式反应是一种在反应历程中含有被称为链载体的低浓度活性中间产物的反应，这种链载体参加到反应的循环中，并且它在每次循环之后都重新生成。链载体最先是在链产生过程中生成的，然后它们参与链的传播过程，最后被链终止或断链过程从反应中除去。最常见的链式反应是以自由基为链载体，阳离子或阴离子也可以起活性中间产物的作用。链式反应在许多工业过程中存在，如低温时磷、乙醚的蒸气氧化出现的冷焰就是链式反应。冷焰就是反应温度并没有达到正常着火温度时出现的火焰，这说明其反应速率已经相当大了。又如反应中加入少量的其他物质，可以大大地加快或降低反应速率，水蒸气对 $2CO + O_2 \longrightarrow 2CO_2$ 的反应起了很大的加速作用，而水蒸气本身并不能燃烧。以上诸现象都不能用分子热活化理论解释，而链式反应理论可以解释这些现象，即活性中间产物的发生和发展决定了化学反应的历程。如果一个链载体加入到反应循环中，当循环结束时同样只产生一个链载体，这种链载体数目在反应循环中保持不变的链式反应称为不分支链式反应，也称直链反应；如果循环结束时产生多于一个的链载体，则链载体的数目随着循环次数的增加而增多的反应称为分支链式反应，或称为支链反应。本节对不分支链式反应和分支链式反应的机制进行一一介绍。

1.7.1 不分支链式反应

以氢和溴蒸气为例，其反应方程式为

$$H_2 + Br_2 \longrightarrow 2HBr \tag{1-53}$$

该反应具体的历程为
链产生过程：

$$Br_2 + M \xrightarrow{K_1} 2Br + M + 189.2kJ \tag{1-54}$$

链传播过程：

$$Br + H_2 \xrightarrow{K_2} HBr + H + 68.6kJ \tag{1-55}$$

$$H + Br_2 \xrightarrow{K_3} HBr + Br - 169.5kJ \tag{1-56}$$

$$H + HBr \xrightarrow{K_4} H_2 + Br - 68.6kJ \tag{1-57}$$

链终止过程：

$$2Br + M \xrightarrow{K_5} Br_2 + M - 189.2kJ \tag{1-58}$$

式 (1-54) 也称为起链反应 (从反应物到链载体的反应)，其中 M 是第三体，它可以是器壁或气相分子，但不参加反应，只起传递能量的作用，H 和 Br 原子是反应的链载体，在传播过程中其数量保持不变，其浓度可以从链反应的各过程推导出来。HBr 浓度变化率为

$$\frac{dC_{HBr}}{dt} = K_2 C_{Br} C_{H_2} + K_3 C_H C_{Br_2} - K_4 C_H C_{HBr} \tag{1-59}$$

Br 原子浓度变化率为

$$\frac{dC_{Br}}{dt} = 2K_1 C_M C_{Br_2} - K_2 C_{Br} C_{H_2} + K_3 C_H C_{Br_2} + K_4 C_H C_{HBr} - 2K_5 C_{Br}^2 C_M$$

H 原子浓度变化率为

$$\frac{dC_H}{dt} = K_2 C_{Br} C_{H_2} - K_3 C_H C_{Br_2} - K_4 C_H C_{HBr}$$

由于 H_2 和 Br_2 的反应中，链载体的浓度很低，经历很短的时间后，约为 10^{-9}s，H 和 Br 原子的浓度即达到稳态，即 $\frac{dC_H}{dt} \approx 0, \frac{dC_{Br}}{dt} \approx 0$，称之为稳态近似。因此可得出

$$C_{Br} \approx (K_1/K_5)^{1/2} (C_{Br_2})^{1/2} = K_e^{1/2} (C_{Br_2})^{1/2} \tag{1-60}$$

$$C_H = \frac{K_2 C_{H_2} C_{Br}}{K_3 C_{Br_2} + K_4 C_{HBr}} = \frac{K_2 K_e^{1/2} C_{H_2} C_{Br_2}^{1/2}}{K_3 C_{Br_2} + K_4 C_{HBr}} \tag{1-61}$$

其中，$K_e = K_1/K_5$，表示溴分解和复合时的化学平衡常数。将式 (1-60)、式 (1-61) 代入式 (1-59) 中，整理后可得

$$\frac{\mathrm{d}C_{\mathrm{HBr}}}{\mathrm{d}t} = \frac{2K_2 K_e^{1/2} C_{\mathrm{H_2}} C_{\mathrm{Br_2}}^{1/2}}{1 + K_4 C_{\mathrm{HBr}}/K_3 C_{\mathrm{Br_2}}} \tag{1-62}$$

在等温情况下，不分支链式反应的速率在反应开始时随时间迅速增加，因为在这段时间里 Br 原子的浓度通过起链反应不断积累，当它的浓度变化率为零时，Br 原子浓度就保持不变，反应速率趋于稳定。随着反应的进行，H_2 和 Br_2 的浓度下降，反应速率也要下降，不分支链式反应的速率变化见图 1-9。可见，在等温条件下，不分支链式反应不会成为无限制的加速反应，即反应不会发展成爆炸。

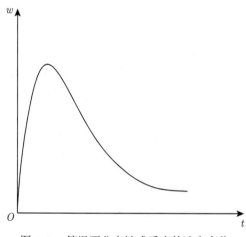

图 1-9　等温不分支链式反应的速率变化

1.7.2　分支链式反应

不分支链式反应中链载体数量在每个反应循环中没有增加，因此不具有爆炸性，而分支链式反应在每个反应循环中链载体数量均有增长，从而导致反应速度不断加快，最终形成爆炸。下面以 H_2-O_2 反应为例，简单分析分支链式反应的特点。

H_2-O_2 反应的总包反应方程式为

$$2H_2 + O_2 \longrightarrow 2H_2O$$

反应的基本步骤大致如下，
链产生过程：

$$H_2 + M \longrightarrow 2H + M$$

链传播过程：

$$H + O_2 \longrightarrow OH + O \tag{H1}$$

$$O + H_2 \longrightarrow H + OH \tag{H2}$$

$$OH + H_2 \longrightarrow H + H_2O \tag{H3}$$

为了更清晰地表达氢氧反应机理，常对其基元反应进行单独编号。在链传播 (或分支) 的系列反应 (H1)~(H3) 中，O 原子、H 原子以及 OH 自由基均为链载体，可见在 (H1) 与 (H2) 反应中均为一个链载体加入反应后生成两个链载体，因此 (H1)、(H2) 称为链分支反应。将链传播过程 (H1)~(H3)(因为 (H1) 与 (H2) 均产生一个 OH，因此 (H3) 实际进行了两次) 相加得

$$3H_2 + O_2 \longrightarrow 2H_2O + 2H \tag{1-63}$$

从式 (1-63) 可以看到，经过一个链循环反应，将生成两个 H_2O 分子，同时净产生两个 H 原子，即净增加两个链载体。

此外还需要指出的是不同链载体的反应性是不同的，因此在链传播过程中由于链载体的转变也会使整体反应性发生变化。比如 H_2-O_2 反应中还存在下面的链传播反应

$$H + O_2 + M \longrightarrow HO_2 + M \tag{H9}$$

在 (H9) 中，H 原子与 HO_2 自由基均为链载体，表面上看 (H9) 是链传播过程，但是 H 原子的反应性很强，而 HO_2 自由基的反应性很弱，所以 (H9) 实际上削弱了整体反应性，因此 (H9) 是事实上的链终止过程，而不是链传播过程。类似的反应还有：$CH_4 + H \rightarrow CH_3 + H_2$，其中 H 原子的反应性远高于自由基 CH_3。

分支链式反应具有爆炸性，因此进行分支链式反应的混气通常称为可爆混气，但是可爆混气是否会爆炸还与混气的压力、温度有关。下面从链式反应通用过程出发来分析可爆混气的爆炸条件。

起链反应：

$$nR \xrightarrow{k_1} C \tag{1-64}$$

链分支反应：

$$R + C \xrightarrow{k_2} aC + P \tag{1-65}$$

气相链中断反应：

$$C + R + R \xrightarrow{k_g} P \tag{1-66}$$

壁面链中断反应：

$$C \xrightarrow{k_w} P \tag{1-67}$$

式 (1-64)~ 式 (1-67) 为代表链式反应的几个特征过程，其中 C 代表链载体，R 与 P 代表反应物与产物，a 为链载体增长系数，分支链式反应时 $a > 1$。式 (1-66)、式 (1-67) 为两种类型的链中断反应，其中气相链中断反应为三分子反应，壁面链中断反应为单分子反应。链载体 C 的生成率可表示为

$$\frac{\mathrm{d}C_C}{\mathrm{d}t} = k_1 C_R^n + (a-1)k_2 C_R C_C - k_g C_R^2 C_C - k_w C_C$$

$$= k_1 C_R^n + k_2 C_R (a - a_C) C_C \tag{1-68}$$

式中

$$a_C = 1 + \frac{k_g C_R^2 + k_w}{k_2 C_R} \tag{1-69}$$

式 (1-68) 表明，当 $a - a_\mathrm{C} > 0$ 时链载体 C 的浓度随时间呈指数增长，此时混气将发生爆炸，因此分支链式反应发生爆炸的条件为

$$a > a_\mathrm{C} \tag{1-70}$$

这里 a_C 为分支链式反应混气是否可爆的临界链载体增长系数。

显然，a_C 越小，发生爆炸的条件越容易达到，混气可爆性越强。由式 (1-69) 可知，链分支反应越快 (对应的 k_2 值大) 以及链中断反应越慢 (对应的 k_g 与 k_w 值小)，则 a_C 越小。此外反应物浓度 C_R 对 a_C 也有影响，而 C_R 与混气压力 p 有关，极限情况下有

$$p \to 0\text{时} \quad a_\mathrm{C} = 1 + \frac{k_w}{k_2 C_\mathrm{R}} \to \infty$$

$$p \to \infty\text{时} \quad a_\mathrm{C} = 1 + \frac{k_g C_\mathrm{R}}{k_2} \to \infty \tag{1-71}$$

式 (1-71) 表明混气压力极低与极高的情况下，混气都无法爆炸。事实上，压力对混气可爆性的影响源于链中断反应，极低压力下链载体碰壁销毁的概率大大增大，此时壁面中断反应占主导地位，极高压力下，链载体气相销毁反应得到加强，气相中断反应占主导地位。温度对链中断反应的影响很小，其相应的活化能可视为 0。温度对链分支反应的影响较大，温度升高时，k_2 增大，a_C 变小，混气可爆性加强，温度降低时，k_2 减小，a_C 变大，混气可爆性减弱，当温度降低到某个极限时，混气会变为不可爆。

图 1-10 定性地表达了压力、温度对混气可爆性的影响，图中一条 C 形曲线将整个区域划分为可爆区与不可爆区，此曲线称为分支链式反应混气的爆炸极限曲线。

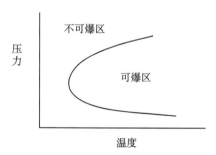

图 1-10　分支链式反应的爆炸极限曲线

1.7.3　H_2-O_2 反应机理与爆炸极限

氢气是能源与动力领域内最重要的燃料之一，同时氢的氧化反应也是碳氢燃料复杂燃烧反应中的主要反应机制，因此掌握 H_2-O_2 混气反应机理具有理论与现实意义。上一节中我们简要地分析了 H_2-O_2 混气的分支链式反应过程，事实上 H_2-O_2 混气的反应过程比上述的要复杂得多，表 1-5 给出经典的 H_2-O_2 混气的十九步反应机理。

从表 1-5 所示，H_2-O_2 混气反应系统十九步反应机理大致分为这四类反应：H_2-O_2 链传播/分支反应 (1)～(4)，H_2-O_2 分解/复合反应 (5)～(8)，过氧羟自由基 HO_2 的生成/消耗

反应 (9)~(13)，以及过氧水 H_2O_2 的生成/消耗反应 (14)~(19)。表中所有反应均是可逆的，随着温度、压力以及反应程度的变化，表中所有反应都有可能变得很重要。在整个 H_2-O_2 反应系统中，共涉及 8 个组分：H_2、O_2、H_2O、OH、O、H、HO_2 和 H_2O_2。

表 1-5　H_2-O_2 混气系统十九步反应机理

No.	反应	B[cm, mol, s]	α	E_a/(kcal/mol)
	H_2-O_2 链传播/分支			
(1)	$H+O_2 \rightleftharpoons O+OH$	1.9×10^{14}	0	16.44
(2)	$O+H_2 \rightleftharpoons H+OH$	5.1×10^{4}	2.67	6.29
(3)	$OH+H_2 \rightleftharpoons H+H_2O$	2.1×10^{8}	1.51	3.43
(4)	$O+H_2O \rightleftharpoons OH+OH$	3.0×10^{6}	2.02	13.40
	H_2-O_2 分解/复合			
(5)	$H_2+M \rightleftharpoons H+H+M$	4.6×10^{19}	-1.40	104.38
(6)	$O+O+M \rightleftharpoons O_2+M$	6.2×10^{15}	-0.50	0
(7)	$O+H+M \rightleftharpoons OH+M$	4.7×10^{18}	-1.0	0
(8)	$H+OH+M \rightleftharpoons H_2O+M$	2.2×10^{22}	-2.0	0
	HO_2 的生成/消耗			
(9)	$H+O_2+M \rightleftharpoons HO_2+M$	6.2×10^{19}	-1.42	0
(10)	$HO_2+H \rightleftharpoons H_2+O_2$	6.6×10^{13}	0	2.13
(11)	$HO_2+H \rightleftharpoons OH+OH$	1.7×10^{14}	0	0.87
(12)	$HO_2+O \rightleftharpoons OH+O_2$	1.7×10^{13}	0	-0.40
(13)	$HO_2+OH \rightleftharpoons H_2O+O_2$	1.9×10^{16}	-1.00	0
	H_2O_2 的生成/消耗			
(14)	$HO_2+HO_2 \rightleftharpoons H_2O_2+O_2$	4.2×10^{14}	0	11.98
		1.3×10^{11}	0	-1.629
(15)	$H_2O_2+M \rightleftharpoons OH+OH+M$	1.2×10^{17}	0	45.50
(16)	$H_2O_2+H \rightleftharpoons H_2O+OH$	1.0×10^{13}	0	3.59
(17)	$H_2O_2+H \rightleftharpoons H_2+HO_2$	4.8×10^{13}	0	7.95
(18)	$H_2O_2+O \rightleftharpoons OH+HO_2$	9.5×10^{6}	2.0	3.97
(19)	$H_2O_2+OH \rightleftharpoons H_2O+HO_2$	1.0×10^{12}	0	0
		5.8×10^{14}	0	9.56

注：表中 B 为常数，α 为温度指数，E_a 为活化能。

因为 H_2-O_2 复杂的反应机理，使得其爆炸极限呈现出 Z 字形结构，图 1-11 为 H_2-O_2 化学恰当混气在温度-压力坐标下的爆炸极限边界图，这里的温度、压力指容器或空间内 H_2-O_2 混气的初始状态。如图所示，当温度很高时，H_2-O_2 混气总能发生爆炸，但当温度较低时，则 H_2-O_2 混气可能呈现出不同状态。以 500℃ 的 H_2-O_2 混气为例，当混气压力从很低值 (如 1mmHg) 逐渐升高，混气经历不爆炸-爆炸-不爆炸-爆炸共四个状态，并进行了三次转换。如果将不同温度下的状态转换点连成线，就形成了 H_2-O_2 混气的三个爆炸极限。下面从反应机理出发来分析 H_2-O_2 混气的爆炸特性。

首先，H_2-O_2 混气系统的起链反应包含下列三个反应：

$$H_2 + M \longrightarrow H + H + M \tag{H5}$$

$$O_2 + M \longrightarrow O + O + M \tag{-H6}$$

$$H_2 + O_2 \longrightarrow HO_2 + H \tag{-H10}$$

公式编号中 "–" 代表逆反应，如 (–H6)、(–H10) 分别为表 1-5 中第 6 步、第 10 步反应的逆反应。上述三个起链反应均为吸热反应，吸热量分别为：104、118 和 55kcal/mol，因为分解反应的活化能与其吸热量近似相等，因此 (–H10) 反应的起链作用几乎涵盖所有工况，(H5) 反应只在高温状态下有效，由于氧分解的吸热量大于氢分解，因此 (–H6) 反应在起链过程中影响较小。

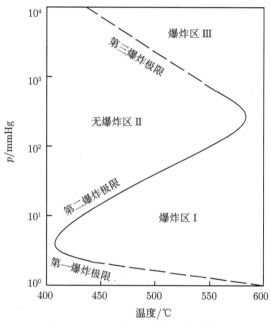

图 1-11　H_2 和 O_2 反应爆炸极限

起链反应 (H5)、(–H10) 生成 H 原子，然后 H 原子加入链传播/分支反应 (H1)~(H3)。这个阶段生成的自由基及 H_2O 的浓度还很低，因此 (H1)~(H3) 的逆反应并不明显。在温度、压力很低的情况下，尽管有自由基 H 或 OH 的加入，H_2-O_2 混气并不会发生爆炸，一方面因为低温环境对吸热反应 (H1) 是不利的，另一方面，低压环境使得活性粒子自由行程增大，对于密闭容器而言，这加大了其碰壁销毁的概率；对于开口空间而言，这使自由基在有限驻留时间内反应过慢。随着压力提高，分子碰撞概率增大，化学反应加快，当压力进一步提高并跨过第一爆炸极限，此时自由基增长率远大于其碰壁销毁率或空间流出率，爆炸就一定会发生。

随着压力的进一步提高，三分子反应 (H9) 将变得明显，且最终取代 (H1) 成为 H 与 O_2 之间的主要反应，即

$$H + O_2 + M \longrightarrow HO_2 + M \tag{H9}$$

(H9) 中 H 与 HO_2 均为自由基，表面来看 (H9) 是链传播过程，但是 HO_2 是不活泼自由基，不会在碰撞中发生反应，最终只能是碰壁销毁或排出空间，因此 (H9) 实际上是链终止反应，而非链传播反应，并导致链传播/分支过程 (H1)~(H3) 中断。第二爆炸极限正是基于 (H1)~(H3) 循环中 H 的增长与 (H9) 中 H 的消减这两方面共同作用的结果。

在跨过第二爆炸极限后，H_2-O_2 混气就处于不爆炸状态，此时随着压力的升高，HO_2 的浓度也在升高，当压力升高跨过第三爆炸极限时，HO_2 的浓度也将达到很高的程度，此时下列两个反应将变得十分显著：

$$HO_2 + H_2 \longrightarrow H_2O_2 + H \qquad\qquad (-H17)$$

$$H_2O_2 + M \longrightarrow OH + OH + M \qquad\qquad (H15)$$

上述反应后，一个不活泼的自由基 HO_2 通过链传播/分支变为三个活泼的自由基，一个 H 与二个 OH，使得 H_2-O_2 系统的反应加剧，混气又回到可爆炸状态。

此外，当 H_2-O_2 混气的温度很高，比如 900K 以上，此时混气中将有大量自由基产生，且自由基之间的反应将变得非常重要。高温条件下，HO_2 自由基将产生自复合反应

$$HO_2 + HO_2 \longrightarrow H_2O_2 + O_2 \qquad\qquad (H14)$$

其后过氧水又将发生 (H15) 反应。此外 HO_2 还会与 H 和 O 发生反应

$$HO_2 + H \longrightarrow OH + OH \qquad\qquad (H11)$$

$$HO_2 + O \longrightarrow OH + O_2 \qquad\qquad (H12)$$

由此可见，在高温条件下 (H9) 已不再是链终止反应，而是一个链传播/分支反应，因此，此时无论压力的高低，H_2-O_2 混气最终都能发生爆炸。

以上是 H_2 和 O_2 按化学计量比混合时发生反应的大致过程。实验证明，当 H_2 和 O_2 不按化学计量比混合时，也会出现类似的反应历程，即也会发生爆炸。甚至氢气的体积百分数在 4%～94% 这样宽的范围内，都有发生爆炸的可能。而在 4% 以下或 94% 以上，不论体系处于什么压力和温度，均不会发生爆炸。因此，4% 和 94% 就称为氢气在氧气中爆炸的 "贫限" 和 "富限"。

习　　题

1.1　已知在 298K 下甲烷的低热值为 50016kJ/kg，求甲烷的生成焓。

1.2　当量比为 1 的丙烷–空气混合物，初始温度 298K，假设产物无离解，定压比热容为定值，求定压燃烧的绝热火焰温度。

1.3　求当量比为 1 时的甲烷–空气混合物的摩尔质量。

1.4　求当量比为 0.6 时的甲烷、丙烷和癸烷的空–燃比 (质量比)。

1.5　假设完全燃烧，写出任意 1mol 醇基燃料 $C_xH_yO_z$ 的化学反应平衡式，并求燃烧 1mol 该燃料需要多少摩尔的空气。

1.6　平衡反应：$CO_2 \Longleftrightarrow CO + \dfrac{1}{2}O_2$，压力为 10atm，温度为 3000K，$CO_2$、CO 和 O_2 混合物的平衡摩尔分数分别为 0.6783、0.2144 和 0.1072。求此时的平衡常数 k_p。

　　1.7　氢气与氧气在稳定流动的燃烧器中燃烧，如下图所示，已知当量比为 0.5，压力为 5atm，燃烧器壁面热损失 $\dot{Q}/\dot{m}$ 为 187kJ/kg。假设燃烧反应无离解，求：

　　(1) 燃烧产物的平均摩尔质量及各组分的质量分数。

　　(2) 燃烧器出口的产物温度。假设所有组分定压比热容均为 40kJ/(kmol·K)。

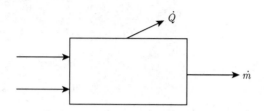

　　1.8　H_2 和 Cl_2 反应生成稳定产物 HCl。反应机理如下：

$$Cl_2 + M \xrightarrow{k} {}_1Cl + Cl + M \tag{R1}$$

$$Cl + H_2 \xrightarrow{k_2} HCl + H \tag{R2}$$

$$H + Cl_2 \xrightarrow{k_3} HCl + Cl \tag{R3}$$

$$Cl + Cl + M \xrightarrow{k_4} Cl_2 + M \tag{R4}$$

　　(1) 判断各基元反应的类型 (单分子，双分子 ...)，并指出其在链式反应中的作用。

　　(2) 写出 Cl 原子反应速率的完整表达式：dC_{Cl}/dt。

　　(3) 写出求解 H 原子稳定浓度 C_H 的表达式。

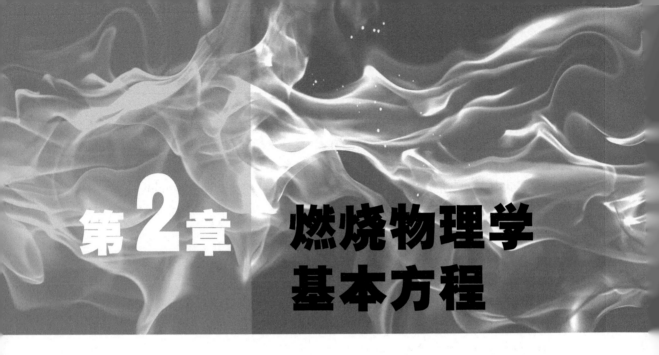

第2章 燃烧物理学基本方程

  无论是气体燃料燃烧，还是液体或固体燃料燃烧，其化学反应总是部分或全部在气相中进行，燃烧过程总是伴随着气体流动，或者就是在流动系统中进行的，而且在燃烧过程中涉及多种组分的气体，如燃料气、氧化剂、燃烧产物、惰性气体以及各种自由基等，因此从流体力学角度来看，研究燃烧问题，就是研究多组分的带化学反应的流体力学问题。

  本章对多组分气体的输运定律、守恒方程及一些研究问题的方法作简要的描述。

2.1 分子输运基本定律

2.1.1 牛顿黏性定律

  在流体流层之间存在速度差时，流层之间就有一定的剪切力，流速慢的流层对流速快的流层有相应的阻力。单位面积上的剪切力与其速度梯度成正比，即

$$\tau = -\mu \frac{\partial u}{\partial y} \quad (\text{N/m}^2) \tag{2-1}$$

这就是牛顿 (Newton) 黏性定律。式中，τ 是单位面积上的剪切力；μ 是动力黏性系数 (也称动力黏度)，单位为 Pa·s；负号表示动量传递方向与速度增加的方向相反。描述流体黏性系数的参量还有运动黏性系数 ν(也称运动黏度)，且有 $\mu = \rho\nu$，当 ρ 为常数时，牛顿黏性定律可写为

$$\tau = -\nu\rho \frac{\partial u}{\partial y} = -\nu \frac{\partial (\rho u)}{\partial y} \tag{2-2}$$

式 (2-2) 给出了剪切力与动量梯度间的关系。

2.1.2 傅里叶导热定律

  在流体流层之间存在温度差时，流体层之间就存在导热，单位时间、单位面积的导热量与温度梯度成正比，即

$$q = -\lambda \frac{\partial T}{\partial y} \quad [\text{J/(m}^2 \cdot \text{s)}] \tag{2-3}$$

这就是傅里叶 (Fourier) 导热定律。式中，λ 为导热系数，单位为 J/(m²·s·K)。因为 $\lambda = a\rho c_p$，a 为热扩散系数，单位为 m²/s，当 ρ、c_p 等于常数时，傅里叶导热定律还可表示为

$$q = -a\frac{\partial \left(\rho c_p T\right)}{\partial y} \tag{2-4}$$

2.1.3 菲克扩散定律

在双组分流体混合物 A、B 中，组分 A 的扩散通量与组分 A 在组分 B 中的浓度梯度成正比，即

$$J_{\text{A}} = -D_{\text{AB}}\frac{\partial C_{\text{A}}}{\partial y} \quad \left[\text{mol}/(\text{m}^2 \cdot \text{s})\right] \tag{2-5}$$

式中，J_{A} 是单位时间、单位面积组分 A 扩散而产生的扩散通量；D_{AB} 为组分 A 在组分 B 中的质量扩散系数，单位为 m²/s；C_{A} 为组分 A 在混合物中的当地摩尔浓度；负号表示组分 A 的扩散方向与浓度梯度的方向相反。

同样，组分 B 在组分 A 中的扩散通量可写成

$$J_{\text{B}} = -D_{\text{BA}}\frac{\partial C_{\text{B}}}{\partial y} \tag{2-6}$$

式中，D_{BA} 为组分 B 在组分 A 中的质量扩散系数。

在双组分流体混合物中，混合物的总浓度是各组分的浓度之和，即

$$C = C_{\text{A}} + C_{\text{B}}$$

当混合物的温度、压力恒定，总浓度也一定时，$\partial C/\partial y = 0$，于是上式在 y 方向的偏导数有

$$\frac{\partial C_{\text{A}}}{\partial y} = -\frac{\partial C_{\text{B}}}{\partial y} \tag{2-7}$$

因为混合物的总浓度一定，则混合物任意处各组分的扩散通量之和为零，故有

$$J_{\text{A}} = -J_{\text{B}}$$

由上述关系可得 $D_{\text{AB}} = D_{\text{BA}}$，即在双组分系统中两种成分的相互扩散的质量扩散系数相等。

菲克 (Fick) 扩散定律还可以用下列形式表示：

$$J_{\text{A}} = -D_{\text{AB}}\frac{\partial \rho_{\text{A}}}{\partial y} \quad \left[\text{kg}/(\text{m}^2 \cdot \text{s})\right] \tag{2-8}$$

或

$$J_{\text{A}} = -\rho D_{\text{AB}}\frac{\partial Y_{\text{A}}}{\partial y} = -\Gamma_{\text{AB}}\frac{\partial Y_{\text{A}}}{\partial y} \tag{2-9}$$

式中，ρ_{A}、Y_{A} 分别为组分 A 的质量浓度与质量相对浓度；$\Gamma_{\text{AB}} = \rho D_{\text{AB}}$，称为组分交换系数。

2.1.4　输运系数之间的关系

牛顿黏性定律、傅里叶导热定律及菲克扩散定律分别描述了由于分子运动所涉及的动量输运、能量输运及质量输运，三种输运系数：运动黏性系数、热扩散系数及质量扩散系数都具有相同的量纲，因此可写出通用的传输方程：

$$F = -D\frac{\partial P}{\partial y}$$

在不同的传输中，F、D、P 分别表示不同输运过程的物理参数，见表 2-1。

表 2-1　不同输运过程中的物理参数

传输定律	物理参数		
	F	D	P
牛顿黏性定律 (动量输运)	τ	ν	ρu
傅里叶导热定律 (能量输运)	q	a	$\rho c_p T$
菲克扩散定律 (质量输运)	J	D	C

动量输运、能量输运以及质量输运都是基于分子的热运动，在燃烧过程中常常同时发生，因此有必要讨论这些输运系数之间的内在联系，通常通过一些准则参数表示。

Prandtl 数：　$Pr = \nu/a$
Schmidt 数：　$Sc = \nu/D$
Lewis 数：　$Le = a/D = Sc/Pr$

在燃烧工程中常取为 $Pr=Sc=Le=1$。

2.2　基本守恒方程

对燃烧问题作定量分析时，所需的基本方程有四个：质量守恒方程、动量守恒方程、扩散方程以及能量守恒方程。这些方程的一般形式都非常的复杂，对于初学者而言往往很难理解，为了简化这些守恒方程，这里仅针对本书所涉及的三种稳定流 (也称定常流) 的守恒方程加以推导，即一维平面流、一维球对称流以及二维轴对称流。

2.2.1　质量守恒方程

质量守恒方程这里是指所有组元总质量守恒方程，也称为连续性方程。图 2-1 为一维微元控制体，如图所示，从边界流入微元体的流量为 $\dot{m}_x$，流出的流量为 $\dot{m}_{x+\triangle x}$，则单位时间控制体内质量变化率为

$$\frac{\mathrm{d}m_{\mathrm{CV}}}{\mathrm{d}t} = \dot{m}_x - \dot{m}_{x+\triangle x}$$

$$\frac{\mathrm{d}(\rho A\Delta x)}{\mathrm{d}t} = [\rho v_x A]_x - [\rho v_x A]_{x+\triangle x} \tag{2-10}$$

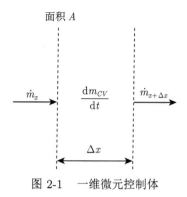

图 2-1　一维微元控制体

式中，v_x 为气流在 x 方向上的速度。方程两边除以 $A\Delta x$，且认为 $\Delta x \to 0$，则式 (2-10) 变为

$$\frac{\partial \rho}{\partial t} = -\frac{\partial (\rho v_x)}{\partial x} \tag{2-11}$$

式 (2-11) 就是一维流动的质量守恒方程。如果是定常流，$\partial \rho/\partial t = 0$，即

$$\frac{\partial (\rho v_x)}{\partial x} = 0 \tag{2-12}$$

或

$$\rho v_x = \text{const.}$$

可见在一维定常流中，当气流密度下降时，速度就会增加，反之亦然。如果是等截面管内的燃烧问题，混气燃烧后密度下降，因此混气流动速度必然增大。

如果是三维流动问题，质量守恒方程可以表达为

$$\frac{\partial \rho}{\partial t} + \nabla \cdot (\rho V) = 0 \tag{2-13}$$

如果是稳定流动，且坐标系为球坐标系，式 (2-13) 可改写为

$$\frac{1}{r^2}\frac{\partial (r^2 \rho v_r)}{\partial r} + \frac{1}{r\sin\theta}\frac{\partial (\rho v_\theta \sin\theta)}{\partial \theta} + \frac{1}{r\sin\theta}\frac{\partial (\rho v_\phi)}{\partial \phi} = 0$$

对于一维球对称稳定流动，此时 $v_\theta = v_\phi = 0$，且 $\partial(\cdot)/\partial\theta = \partial(\cdot)/\partial\phi = 0$，则上式简化为

$$\frac{1}{r^2}\frac{d (r^2 \rho v_r)}{dr} = 0 \tag{2-14}$$

或

$$r^2 \rho v_r = \text{const.}$$

对于二维轴对称稳定流动，在柱坐标系下可以设 $v_\theta = 0$，则可得到：

$$\frac{1}{r}\frac{\partial (r\rho v_r)}{\partial r} + \frac{\partial (\rho v_x)}{\partial x} = 0 \tag{2-15}$$

式 (2-14)、式 (2-15) 分别为一维球对称稳定流、二维轴对称稳定流的质量守恒方程。

2.2.2 动量守恒方程

动量守恒方程也就是运动方程、Navier-Stokes 方程。这里动量守恒方程的推导也从一维平面流或球对称流开始。对于一维流动，必须忽略黏性力与重力，图 2-2 显示了一维平面流的微元体受力与动量流的状况，如图所示，一维平面流微元体只受到控制面上的压力，且只在控制面上输入或输出动量。

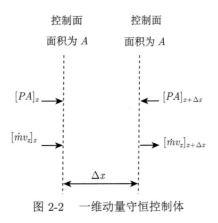

图 2-2   一维动量守恒控制体

动量守恒的理论基础是牛顿运动学第二定律，即微元体动量的变化率等于作用在微元体上外力的矢量和，即

$$\sum \boldsymbol{F} = [\dot{m}\boldsymbol{V}]_{\text{out}} - [\dot{m}\boldsymbol{V}]_{\text{in}}$$

对于图 2-2 中的一维微元体，且流动为稳定流，则动量守恒可表示为

$$[PA]_x - [PA]_{x+\Delta x} = \dot{m}[v_x]_x - \dot{m}[v_x]_{x+\triangle x}$$

方程两边除以 $A\Delta x$，且假设 $\Delta x \to 0$，可得

$$-\frac{\mathrm{d}P}{\mathrm{d}x} = \rho v_x \frac{\mathrm{d}v_x}{\mathrm{d}x} \tag{2-16}$$

式 (2-16) 即一维平面稳定流动动量守恒方程，也称为一维欧拉方程。上式中的 x 用 r 表示，可得到一维球对称稳定流动动量守恒方程。

下面将推导二维轴对称稳定流动动量守恒方程，在此之前首先在笛卡儿坐标 (x,y) 下讨论动量守恒的各个元素。图 2-3 为二维稳定流中的一个微元控制体，其体积为 $V_{CV} = \Delta x \times \Delta y \times 1$，这里假设微元体厚度为单位 1。图 2-3(a) 中给出微元体 x、y 表面上在 x 方向受到的各种力，包括黏性力 τ、压力 P 以及重力 g 引起体积力。图 2-3(b) 则给出微元体在 x、y 表面上输入与输出的 x 方向的动量。根据动量守恒原理，微元体在 x 方向受到的力的总和等于该方向动量的净输出量，即

$$\left([\tau_{xx}]_{x+\Delta x} - [\tau_{xx}]_x\right)\Delta y \times 1 + \left([\tau_{yx}]_{y+\Delta y} - [\tau_{yx}]_y\right)\Delta x \times 1$$

$$+ \left(P_x - P_{x+\Delta x}\right)\Delta y \times 1 + \rho\Delta x\Delta y \times 1 \times g_x$$

$$= \left([\rho v_x v_x]_{x+\Delta x} - [\rho v_x v_x]_x\right) \Delta y \times 1 + \left([\rho v_y v_x]_{y+\Delta y} - [\rho v_y v_x]_y\right) \Delta x \times 1 \quad (2\text{-}17)$$

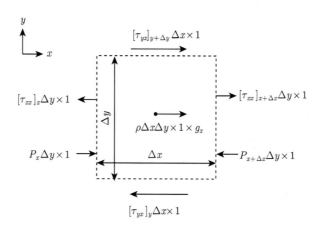

(a) 作用在二维控制体上的力

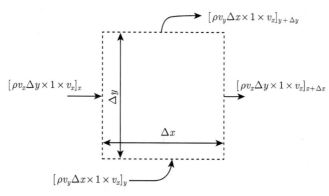

(b) 二维控制体在 x、y 表面上输入输出的 x 方向的动量

图 2-3 二维控制体上 x 方向的受力与动量输运分析

将式 (2-17) 除以 $\Delta x \Delta y$, 且令 $\Delta x \to 0, \Delta y \to 0$, 可得到:

$$\frac{\partial\left(\rho v_x v_x\right)}{\partial x} + \frac{\partial\left(\rho v_y v_x\right)}{\partial y} = \frac{\partial \tau_{xx}}{\partial x} + \frac{\partial \tau_{yx}}{\partial y} - \frac{\partial P}{\partial x} + \rho g_x \quad (2\text{-}18)$$

式 (2-18) 即为 x 方向上的动量守恒方程, 同样可以得到 y 方向上的动量守恒方程:

$$\frac{\partial\left(\rho v_x v_y\right)}{\partial x} + \frac{\partial\left(\rho v_y v_y\right)}{\partial y} = \frac{\partial \tau_{xy}}{\partial x} + \frac{\partial \tau_{yy}}{\partial y} - \frac{\partial P}{\partial y} + \rho g_y \quad (2\text{-}19)$$

对于轴对称流动, 通常采用柱坐标系, 此时轴向 x 与径向 r 的动量守恒方程分别为

$$\frac{\partial\left(r\rho v_x v_x\right)}{\partial x} + \frac{\partial\left(r\rho v_r v_x\right)}{\partial r} = \frac{\partial\left(r\tau_{rx}\right)}{\partial r} + r\frac{\partial \tau_{xx}}{\partial x} - r\frac{\partial P}{\partial x} + \rho g_x r \quad (2\text{-}20)$$

$$\frac{\partial\left(r\rho v_r v_x\right)}{\partial x}+\frac{\partial\left(r\rho v_r v_r\right)}{\partial r}=\frac{\partial\left(r\tau_{rr}\right)}{\partial r}+r\frac{\partial\tau_{rx}}{\partial x}-r\frac{\partial P}{\partial r} \tag{2-21}$$

式 (2-21) 中不含重力项，这是为了保持轴对称流动的条件，即重力加速度必须沿 x 轴方向。

2.2.3 扩散方程

扩散方程又称组分质量守恒方程。图 2-4 为组分 A 质量守恒分析的一维控制体。如图所示，影响控制体内组分 A 质量发生变化的因素主要有两方面，一是组分 A 在宏观流动与扩散共同作用下流入与流出的质量，二是组分 A 在控制体内通过化学反应生成或消耗的质量。在控制体内 A 组分的质量净变化率可表示为

$$\frac{\mathrm{d}m_{A,CV}}{\mathrm{d}t}=[\dot{m}_A''A]_x-[\dot{m}_A''A]_{x+\triangle x}+\dot{m}_A'''V \tag{2-22}$$

式中，A 表示流通面积；$\dot{m}_A''$ 为组分 A 的质量通量；$\dot{m}_A'''$ 为单位体积内组分 A 的质量生成率，即 w_A。同时

$$\dot{m}_A''=Y_A\dot{m}''+J_A$$

即组分 A 的质量通量是宏观流动携带的量与由浓度梯度引起的扩散量两部分之和。对于双组分流体，组分 A 的质量通量可表示为

$$\dot{m}_A''=Y_A\left(\dot{m}_A''+\dot{m}_B''\right)-\rho D_{AB}\frac{\mathrm{d}Y_A}{\mathrm{d}x} \tag{2-23}$$

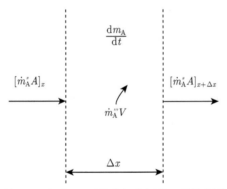

图 2-4   组分 A 质量守恒分析的一维控制体

在一维控制体内，$m_{A,CV}=Y_A\rho V_{CV}$，$V_{CV}=A\Delta x$，式 (2-22) 可改写为

$$A\Delta x\frac{\partial\left(\rho Y_A\right)}{\partial t}=A\left[Y_A\dot{m}''-\rho D_{AB}\frac{\mathrm{d}Y_A}{\mathrm{d}x}\right]_x-A\left[Y_A\dot{m}''-\rho D_{AB}\frac{\mathrm{d}Y_A}{\mathrm{d}x}\right]_{x+\triangle x}+\dot{m}_A'''A\Delta x$$

上式除以 $A\Delta x$，且令 $\Delta x\rightarrow 0$，可得到：

$$\frac{\partial\left(\rho Y_A\right)}{\partial t}=-\frac{\partial}{\partial x}\left[Y_A\dot{m}''-\rho D_{AB}\frac{\mathrm{d}Y_A}{\mathrm{d}x}\right]+\dot{m}_A''' \tag{2-24}$$

式 (2-24) 为双组分气体混合物组分守恒方程的一维形式。在稳态流动情况下，上式可改写为

$$-\frac{\partial}{\partial x}\left[Y_A\dot{m}'' - \rho D_{AB}\frac{\mathrm{d}Y_A}{\mathrm{d}x}\right] + \dot{m}_A''' = 0 \tag{2-25}$$

对于多组分、三维流动的混合物而言，组分守恒方程可表示为下面通用矢量形式：

$$\frac{\partial(\rho Y_i)}{\partial t} + \nabla \cdot \dot{\boldsymbol{m}}_i'' = \dot{m}_i''', \quad i = 1, 2, \cdots, N \tag{2-26}$$

由式 (2-26) 又可以演变出其他形式组分守恒方程。

对于稳定流动的二元扩散混合物，在球对称坐标下，组分守恒方程可表示为

$$\frac{1}{r^2}\frac{\mathrm{d}}{\mathrm{d}r}\left[r^2\left(\rho v_r Y_A - \rho D_{AB}\frac{\partial Y_A}{\partial r}\right)\right] = \dot{m}_A''' \tag{2-27}$$

对于二维轴对称稳定流动，在柱对称坐标下，组分守恒方程可表示为

$$\frac{1}{r}\frac{\partial(r\rho v_r Y_A)}{\partial r} + \frac{1}{r}\frac{\partial(r\rho v_x Y_A)}{\partial x} - \frac{1}{r}\frac{\partial}{\partial r}\left(r\rho D_{AB}\frac{\partial Y_A}{\partial r}\right) = \dot{m}_A''' \tag{2-28}$$

2.2.4　能量守恒方程

能量守恒方程是基于热力学第一定律推导出来的，即进入到微元体的能量减去离开微元体的能量等于该微元体内储存能量的增加量。为了简化，这里只推导稳态流动的能量守恒。图 2-5 给出一维稳态能量守恒的控制体，图中给出了进入与离开一维微元体的各能量项，这里 $\dot{Q}''$ 为热流通量，因为是稳态流动，因此 $\mathrm{d}E_{CV}/\mathrm{d}t=0$。则一维稳定流动热力学第一定律表达式为

$$\left(\dot{Q}_x'' - \dot{Q}_{x+\Delta x}''\right)A - \dot{W}_{CV} = \dot{m}''A\left[\left(h + \frac{v_x^2}{2} + gz\right)_{x+\Delta x} - \left(h + \frac{v_x^2}{2} + gz\right)_x\right] \tag{2-29}$$

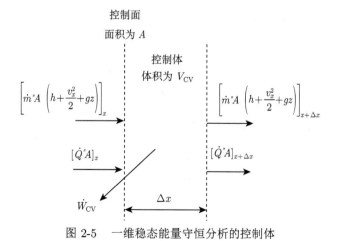

图 2-5　一维稳态能量守恒分析的控制体

将上式除以 $\Delta x A$，且令 $\Delta x \to 0$，并假设微元体不对外做功，且进、出口势差为零，则式 (2-29) 可改写为

$$-\frac{\mathrm{d}\dot{Q}_x''}{\mathrm{d}x} = \dot{m}''\left(\frac{\mathrm{d}h}{\mathrm{d}x} + v_x\frac{\mathrm{d}v_x}{\mathrm{d}x}\right) \tag{2-30}$$

对于多组分混合物而言，热通量应包含热传导及质量扩散引起的能量迁移，即

$$\dot{Q}_x'' = -\lambda\frac{\mathrm{d}T}{\mathrm{d}x} + \sum \rho Y_i v_{ix,\mathrm{diff}} h_i \tag{2-31}$$

式中，$v_{ix,\mathrm{diff}}$ 为 x 方向的扩散速度，$v_{ix,\mathrm{diff}} = v_{ix} - v_x$，即扩散速度为组分速度与整体速度之差。代入式 (2-31)，则热通量为

$$\dot{Q}_x'' = -\lambda\frac{\mathrm{d}T}{\mathrm{d}x} + \sum \rho v_{ix} Y_i h_i - \sum \rho v_x Y_i h_i = -\lambda\frac{\mathrm{d}T}{\mathrm{d}x} + \sum \dot{m}_i'' h_i - \dot{m}'' h \tag{2-32}$$

式中，$\dot{m}_i'' = \rho v_{ix} Y_i$；$\dot{m}'' = \rho v_x$；$\sum Y_i h_i = h$。将式 (2-32) 代入到 (2-30)，整理后得

$$\frac{\mathrm{d}}{\mathrm{d}x}\left(\sum h_i \dot{m}_i''\right) + \frac{\mathrm{d}}{\mathrm{d}x}\left(-\lambda\frac{\mathrm{d}T}{\mathrm{d}x}\right) + \dot{m}'' v_x\frac{\mathrm{d}v_x}{\mathrm{d}x} = 0 \tag{2-33}$$

将式 (2-33) 中左边第一项展开

$$\frac{\mathrm{d}}{\mathrm{d}x}\left(\sum h_i \dot{m}_i''\right) = \sum \dot{m}_i''\frac{\mathrm{d}h_i}{\mathrm{d}x} + \sum h_i\frac{\mathrm{d}\dot{m}_i''}{\mathrm{d}x}$$

式中，$\mathrm{d}\dot{m}_i''/\mathrm{d}x = \dot{m}_i'''$，即化学反应引起的单位体积内 i 组元的净质量生成率。代入式 (2-33)，可得一维能量守恒方程：

$$\sum \dot{m}_i''\frac{\mathrm{d}h_i}{\mathrm{d}x} + \frac{\mathrm{d}}{\mathrm{d}x}\left(-\lambda\frac{\mathrm{d}T}{\mathrm{d}x}\right) + \dot{m}'' v_x\frac{\mathrm{d}v_x}{\mathrm{d}x} = -\sum h_i \dot{m}_i''' \tag{2-34}$$

能量守恒方程通常以温度相关项的形式呈现，这时能量守恒方程也称为施凡伯–泽尔多维奇 (Shvab-Zeldovich) 能量方程。首先式 (2-31) 中质量扩散用菲克扩散定律表达：

$$\dot{Q}_x'' = -\lambda\frac{\mathrm{d}T}{\mathrm{d}x} - \sum \rho D_i\frac{\mathrm{d}Y_i}{\mathrm{d}x} h_i \tag{2-35}$$

假设混合物采用单一扩散系数，即 $D_i = D$，则上式改写为

$$\dot{Q}_x'' = -\lambda\frac{\mathrm{d}T}{\mathrm{d}x} - \rho D\sum h_i\frac{\mathrm{d}Y_i}{\mathrm{d}x} \tag{2-36}$$

式中

$$\sum h_i\frac{\mathrm{d}Y_i}{\mathrm{d}x} = \sum \frac{\mathrm{d}(h_i Y_i)}{\mathrm{d}x} - \sum Y_i\frac{\mathrm{d}h_i}{\mathrm{d}x} = \frac{\mathrm{d}\sum h_i Y_i}{\mathrm{d}x} - \sum Y_i\frac{\mathrm{d}h_i}{\mathrm{d}x}$$

其中, $\sum h_i Y_i = h$, 且假设各组元定压比热与温度无关, 则上式最后一项有

$$\sum Y_i \frac{\mathrm{d}h_i}{\mathrm{d}x} = \sum Y_i \frac{\mathrm{d}\left(c_{p,i}T\right)}{\mathrm{d}x} = \sum Y_i c_{p,i} \frac{\mathrm{d}T}{\mathrm{d}x} = c_p \frac{\mathrm{d}T}{\mathrm{d}x}$$

代入式 (2-36) 后可得

$$\dot{Q}_x'' = -\lambda \frac{\mathrm{d}T}{\mathrm{d}x} - \rho D \frac{\mathrm{d}h}{\mathrm{d}x} + \rho D c_p \frac{\mathrm{d}T}{\mathrm{d}x} \tag{2-37}$$

上式表明微元控制体的热通量由三个部分组成, 方程右边第一项代表导热引起显焓的变化, 第二项为组分扩散引起的总焓 (绝对焓) 的变化, 第三项是组分扩散引起的显焓的变化。假设 $Le = \lambda/\rho D c_p = 1$, 则方程右边第一、第三项可抵消, 则热通量方程简化为

$$\dot{Q}_x'' = -\rho D \frac{\mathrm{d}h}{\mathrm{d}x} \tag{2-38}$$

将式 (2-38) 代入 (2-30), 得到

$$\frac{\mathrm{d}}{\mathrm{d}x}\left(\rho D \frac{\mathrm{d}h}{\mathrm{d}x}\right) = \dot{m}''\left(\frac{\mathrm{d}h}{\mathrm{d}x} + v_x \frac{\mathrm{d}v_x}{\mathrm{d}x}\right) \tag{2-39}$$

其中总焓 h 为生成焓与显焓之和, 可表示为

$$h = \sum Y_i h_{f,i}^0 + \int_{T_{\mathrm{reff}}}^{T} c_p \mathrm{d}T$$

代入式 (2-39), 经整理简化最后可得

$$\dot{m}_i'' \frac{\mathrm{d}\int c_p \mathrm{d}T}{\mathrm{d}x} - \frac{\mathrm{d}}{\mathrm{d}x}\left(\rho D \frac{\mathrm{d}\int c_p \mathrm{d}T}{\mathrm{d}x}\right) + \dot{m}'' v_x \frac{\mathrm{d}v_x}{\mathrm{d}x} = -\sum h_{f,i}^0 \dot{m}_i''' \tag{2-40}$$

上式为一维施凡伯–泽尔多维奇能量方程, 方程左边二项分别为对流与扩散引起的显焓变化, 称为对流项与扩散项, 第三项为动能变化项, 通常动能变化项很小可以忽略掉, 方程右边为化学反应引起的热能变化, 通常也称之为源项。

施凡伯–泽尔多维奇能量方程的通用矢量形式可表示为

$$\nabla \cdot \left[\dot{\boldsymbol{m}}_i'' \int c_p \mathrm{d}T - \rho D \nabla\left(\int c_p \mathrm{d}T\right)\right] = -\sum h_{f,i}^0 \dot{m}_i''' \tag{2-41}$$

由式 (2-41) 可推导出一维球坐标系及二维轴对称坐标系下的能量方程式。一维球坐标系的能量方程:

$$\frac{1}{r^2}\frac{\mathrm{d}}{\mathrm{d}r}\left[r^2\left(\rho v_r \int c_p \mathrm{d}T - \rho D \frac{\mathrm{d}\int c_p \mathrm{d}T}{\mathrm{d}r}\right)\right] = -\sum h_{f,i}^0 \dot{m}_i''' \tag{2-42}$$

二维轴对称坐标系的能量方程:

$$\frac{1}{r}\frac{\partial\left(r\rho v_r \int c_p \mathrm{d}T\right)}{\partial r} + \frac{1}{r}\frac{\partial\left(r\rho v_x \int c_p \mathrm{d}T\right)}{\partial x} - \frac{1}{r}\frac{\partial}{\partial r}\left(r\rho D \frac{\partial \int c_p \mathrm{d}T}{\partial r}\right) = -\sum h_{f,i}^0 \dot{m}_i''' \tag{2-43}$$

2.3 守恒标量的概念

上一节已经给出了燃烧过程的基本方程，求解这些方程最大的困难在于组分方程与能量方程中存在的反应项，它使方程呈现非线性，而且使组分方程与能量方程具有耦合关系。值得注意的是，在反应系统中各组分的浓度变化以及与系统的焓变是互相关联的，即满足化学反应方程式中的化学计量关系。如果基于化学计量关系对反应组元的浓度与系统总焓等守恒参数进行重新组合，一定可以消除守恒方程中化学反应的影响，并获得新的守恒组合变量，称之为守恒标量，或称为耦合函数。

守恒标量的概念可以大大简化反应流问题的求解，尤其是求解非预混燃烧问题。下面就两个重要的守恒标量展开讨论，一是混合物分数，另一个是混合物总焓 (绝对焓)。

2.3.1 混合物分数

为了便于理解，将燃烧系统简化为三组分系统，即燃料、氧化剂及产物，因为燃烧反应它们满足下列化学计量关系

$$1\text{kg燃料} + \beta\text{kg氧化剂} \rightarrow (1+\beta)\text{kg产物} \tag{2-44}$$

式中，β 为理论氧化剂量。根据式 (2-44) 可知，燃料、氧化剂的消耗率与产物生成率之间应满足：

$$\dot{m}_{\text{F}}''' = \frac{\dot{m}_{\text{O}}'''}{\beta} = -\frac{\dot{m}_{\text{P}}'''}{1+\beta} \tag{2-45}$$

混合物分数 f 定义为

$$f = \frac{\text{源于燃料的质量}}{\text{混合物的总质量}} \tag{2-46}$$

对于碳氢燃料，式 (2-46) 可改写为：$f = \dfrac{(m_{\text{C}} + m_{\text{H}})_{\text{mix}}}{m_{\text{mix}}}$。式中，下标 mix 代表混合物。

由式 (2-46) 可知，纯燃料流中的 f 为 1，纯氧化剂流中的 f 为 0，纯产物流中的 f 为 $1/(1+\beta)$，而在任意位置上，f 可表达为

$$f = 1 \times Y_{\text{F}} + 0 \times Y_{\text{O}} + \frac{1}{1+\beta} \times Y_{\text{P}} = Y_{\text{F}} + \frac{1}{1+\beta}Y_{\text{P}} \tag{2-47}$$

式中，Y_{F}、Y_{O}、Y_{P} 分别为燃料、氧化剂及产物质量分数。

下面就证明混合物分数 f 是守恒标量。对于一维稳定流动，燃料与产物的组分守恒方程分别为

$$\dot{m}''\frac{\mathrm{d}Y_{\text{F}}}{\mathrm{d}\bar{x}} - \frac{\mathrm{d}}{\mathrm{d}x}\left(\rho D\frac{\mathrm{d}Y_{\text{F}}}{\mathrm{d}x}\right) = \dot{m}_{\text{F}}''' \tag{2-48}$$

$$\dot{m}''\frac{\mathrm{d}Y_{\text{P}}}{\mathrm{d}x} - \frac{\mathrm{d}}{\mathrm{d}x}\left(\rho D\frac{\mathrm{d}Y_{\text{P}}}{\mathrm{d}x}\right) = \dot{m}_{\text{P}}''' \tag{2-49}$$

将方程 (2-49) 除以 $(1+\beta)$ 后与方程 (2-48) 相加可得

$$\dot{m}''\frac{\mathrm{d}\left[Y_\mathrm{F}+Y_\mathrm{P}/(1+\beta)\right]}{\mathrm{d}x}-\frac{\mathrm{d}}{\mathrm{d}x}\left[\rho D\frac{\mathrm{d}\left(Y_\mathrm{F}+Y_\mathrm{p}/(1+\beta)\right)}{\mathrm{d}x}\right]=0 \tag{2-50}$$

与式 (2-48)、(2-49) 相比, 式 (2-50) 消除了反应源项, 此时守恒量的变化与化学反应无关, 即为守恒标量, 这个守恒标量正是混合物分数 f。式 (2-50) 可改写为

$$\dot{m}''\frac{\mathrm{d}f}{\mathrm{d}x}-\frac{\mathrm{d}}{\mathrm{d}x}\left(\rho D\frac{\mathrm{d}f}{\mathrm{d}x}\right)=0 \tag{2-51}$$

同样可以得到一维球坐标系和二维轴对称坐标系中混合物分数 f 的守恒方程:

$$\frac{\mathrm{d}}{\mathrm{d}r}\left[r^2\left(\rho v_r f-\rho D\frac{\partial f}{\partial r}\right)\right]=0 \tag{2-52}$$

$$\frac{\partial\left(r\rho v_r f\right)}{\partial r}+\frac{\partial\left(r\rho v_x f\right)}{\partial x}-\frac{\partial}{\partial r}\left(r\rho D\frac{\partial f}{\partial r}\right)=0 \tag{2-53}$$

2.3.2　混合物总焓

将能量方程式 (2-39) 中的动能项忽略掉, 可得

$$\dot{m}''\frac{\mathrm{d}h}{\mathrm{d}x}-\frac{\mathrm{d}}{\mathrm{d}x}\left(\rho D\frac{\mathrm{d}h}{\mathrm{d}x}\right)=0 \tag{2-54}$$

式中, h 为混合物总焓, 显然 h 也是守恒标量。

同样可以得到一维球坐标系和二维轴对称坐标系的混合物总焓的守恒方程:

$$\frac{\mathrm{d}}{\mathrm{d}r}\left[r^2\left(\rho v_r h-\rho D\frac{\partial h}{\partial r}\right)\right]=0 \tag{2-55}$$

$$\frac{\partial\left(r\rho v_r h\right)}{\partial r}+\frac{\partial\left(r\rho v_x h\right)}{\partial x}-\frac{\partial}{\partial r}\left(r\rho D\frac{\partial h}{\partial r}\right)=0 \tag{2-56}$$

2.4　斯特藩流的概念

燃烧系统使用液体燃料或固体燃料时, 燃料与周围介质之间存在相分界面, 在燃烧问题中, 相分界面处存在法向流动, 这与单组分流体力学问题是不同的。多组分流体在相分界面处不仅存在由浓度梯度引起的扩散流, 而且如果在相分界面上存在物理或化学过程, 且这种物理或化学过程也会产生或消耗一定的质量流, 则在相分界面处将产生一个与扩散物质流相关的法向总物质流。这种因为相分界面的存在而产生的总物质流现象, 是斯特藩 (Stefan) 研究水面蒸发时首先发现的, 故称之为斯特藩流。斯特藩流是在扩散以及相分界面上的物理或化学过程共同作用下产生的。

下面用两个例子来说明斯特藩流产生的条件及物理实质。

2.4.1 气–液相分界面的斯特藩流

第一个例子就是斯特藩研究水面蒸发时发现斯特藩流的例子。图 2-6 给出了水面蒸发时水面上各组分的浓度分布，图中 Y 轴表示相对浓度，OY 同时代表着水面与空气的分界面，y 轴表示到水面的距离，水面上方为空气。

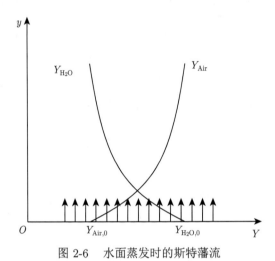

图 2-6   水面蒸发时的斯特藩流

显然水–空气相分界面处只有水蒸气和空气两种组分，且有

$$Y_{H_2O} + Y_{Air} = 1 \tag{2-57}$$

因为水的蒸发，在水–空气的分界面上一定存在水蒸气浓度梯度，并产生扩散流动：

$$J_{H_2O,0} = -\rho_0 D_0 \left(\frac{\partial Y_{H_2O}}{\partial y} \right)_0$$

因为 $\left(\dfrac{\partial Y_{H_2O}}{\partial y} \right)_0 < 0$，所以 $J_{H_2O,0} > 0$，即水蒸气的扩散流与 y 方向相同。

将式 (2-57) 微分，得

$$\left(\frac{\partial Y_{H_2O}}{\partial y} \right)_0 + \left(\frac{\partial Y_{Air}}{\partial y} \right)_0 = 0$$

因为

$$\left(\frac{\partial Y_{H_2O}}{\partial y} \right)_0 < 0$$

所以

$$\left(\frac{\partial Y_{Air}}{\partial y} \right)_0 > 0$$

这表明在相分界面上存在空气的浓度梯度，也就存在空气的扩散流：

$$J_{\text{Air},0} = -\rho_0 D_0 \left(\frac{\partial Y_{\text{Air}}}{\partial y} \right)_0 < 0$$

式中，空气扩散流流量小于零，代表扩散流的方向与 y 方向相反，即空气扩散流流向相分界面。但是空气是不会被水面吸收的，那么这个流向相分界面的空气扩散流到哪里去了呢？唯一的解释是：在相分界面处除了扩散流之外，一定还有一个与空气扩散流方向相反的空气--水蒸气混合气的整体质量流，使得空气在相分界面上的总流量为零。

假设混合气的总体质量流是以流速 v_0 流动的，则此时每一种组分的质量流均可分成两部分：一是该组分由浓度梯度引起的扩散流，二是由混合气总体质量流所携带的该组分的物质流，因此可写出下面的关系式：

$$m_{\text{H}_2\text{O},0} = J_{\text{H}_2\text{O},0} + Y_{\text{H}_2\text{O},0} \rho_0 v_0 = -\rho_0 D_0 \left(\frac{\partial Y_{\text{H}_2\text{O}}}{\partial y} \right)_0 + Y_{\text{H}_2\text{O},0} \rho_0 v_0$$

$$m_{\text{Air},0} = J_{\text{Air},0} + Y_{\text{Air},0} \rho_0 v_0 = -\rho_0 D_0 \left(\frac{\partial Y_{\text{Air}}}{\partial y} \right)_0 + Y_{\text{Air},0} \rho_0 v_0 = 0$$

式中，$m_{\text{H}_2\text{O},0}$、$m_{\text{Air},0}$ 分别为水蒸气和空气在相分界面上的总质量流。整个混合气的总质量流 $m_0 = m_{\text{H}_2\text{O},0} + m_{\text{Air},0}$，因为 $m_{\text{Air},0} = 0$，所以 $m_0 = m_{\text{H}_2\text{O},0}$，即

$$m_{\text{H}_2\text{O},0} = -\rho_0 D_0 \left(\frac{\partial Y_{\text{H}_2\text{O}}}{\partial y} \right)_0 + Y_{\text{H}_2\text{O},0} \rho_0 v_0 = m_0 = \rho_0 v_0$$

$$-\rho_0 D_0 \left(\frac{\partial Y_{\text{H}_2\text{O}}}{\partial y} \right)_0 = (1 - Y_{\text{H}_2\text{O},0}) \rho_0 v_0$$

由此可见，在水面蒸发问题中，斯特藩流 (即水的蒸发流) 并不等于水蒸气的扩散物质流，而是等于扩散物质流加上混合气总体运动时所携带的水蒸气物质流之和。

2.4.2　气--固相分界面的斯特藩流

斯特藩流的第二个例子是碳板在纯氧中燃烧。假定碳表面只有一个反应

$$\text{C} + \text{O}_2 \longrightarrow \text{CO}_2$$
$$12 \quad 32 \qquad 44$$

在碳板的上方有氧气与二氧化碳两种组分，因此它们的浓度关系有

$$Y_{\text{O}_2} + Y_{\text{CO}_2} = 1$$

将上式对 y 微分，并乘以 $\rho_0 D_0$，可得

$$\rho_0 D_0 \left(\frac{\partial Y_{\text{CO}_2}}{\partial y} \right)_0 = -\rho_0 D_0 \left(\frac{\partial Y_{\text{O}_2}}{\partial y} \right)_0$$

这表明

$$m_{CO_2,0} = -m_{O_2,0} \tag{2-58}$$

但由化学方程式得

$$m_{CO_2,0} = -\frac{44}{32}m_{O_2,0} \tag{2-59}$$

式 (2-59) 是化学反应的最终结果，与式 (2-58) 相比，说明扩散流并不能将反应产生的二氧化碳全部带离碳表面，一定还有一种除扩散以外的方式将剩余的二氧化碳带离碳表面。这就是有一个与二氧化碳扩散方向相同的混气整体质量流，即斯特藩流：

$$m_0 = m_{CO_2,0} + m_{O_2} = \rho_0 v_0 \tag{2-60}$$

或

$$m_0 = -\frac{44}{32}m_{O_2,0} + m_{O_2,0} = -\frac{12}{32}m_{O_2,0} = -m_C \tag{2-61}$$

式 (2-61) 表明，斯特藩流等于碳燃烧掉的量。

通过以上两个例子可以看到，斯特藩流产生的条件是在相分界面上既有扩散现象存在，又有物理或化学过程存在，且物理或化学过程产生或消耗某个成分的量，不能通过扩散过程完成全部的物质输运，此时在相分界面上将会产生一个整体质量流以完成全部的物质输运，这个整体质量流即斯特藩流。

习　题

2.1　比较以前学习过的流体力学基本方程组、传热学基本方程组与燃烧学的基本方程组，说明它们之间存在的差异，以及你对燃烧学研究的理解。

2.2　何谓 Pr 数、Sc 数和 Le 数？工程上将它们视为 1 的意义何在？

2.3　何谓斯特藩流？它与物质扩散流有何区别？

2.4　在一维控制体施凡伯–泽尔多维奇能量方程推导过程中，为什么各组元的 h_i 变化代表了显焓的变化，可表示为 $c_{p,i}T$，而 h 的变化则代表的是绝对焓的变化，不能表示为 c_pT？

2.5　丙烷在空气中燃烧，已知燃烧产物为：CO, CO_2, H_2O, O_2 和 N_2。试用各产物的摩尔分数表示混合物分数。

第3章 预混火焰

燃烧过程的快慢，主要取决于反应物的混合过程及化学反应过程所需时间的长短。如果在发生化学反应之前，燃料与氧化剂已完全混合，则燃烧过程为预混燃烧，对应的火焰称为预混火焰，此时燃烧速率取决于化学动力学因素，因此这一类燃烧也称为动力燃烧。

研究预混燃烧过程及预混火焰，可以避开燃烧过程中的一些物理准备阶段对燃烧的影响，从而可以更清晰地揭示燃烧特性及其内在的本质，如火焰的传播过程、传播速度以及传播机制等。

3.1 预混气中的一维燃烧波

如果在静止的可燃混气中某处发生了燃烧反应，那么随着时间的推移，燃烧反应区会像波一样在混气中传播，我们将在可燃混气中传播的反应区称为燃烧波。根据燃烧波传播机制不同，可划分为缓燃 (deflagration) 与爆震 (detonation) 两种形式。缓燃是常见的燃烧方式，缓燃波是依靠导热和扩散使未燃混合气温度升高，并进入反应区而引起化学反应，从而使燃烧波不断向未燃混合气中推进，这种传播形式的速度一般只有每秒几米到每秒几十米。爆震波的传播不是通过传热、传质来实现的，而是依靠激波的压缩作用使未燃混气的温度升高并达到着火点，从而实现燃烧波的传播，这种形式的传播速度很高，一般大于1000m/s。

为了分析爆震与缓燃的差别，我们来考察一维燃烧波的情况。假定在一圆管内充满了静止的可燃预混气，在管的右端点燃混气并形成一道燃烧波向左传播，如果将坐标系固定在燃烧波上，则相当于可燃混气不断从燃烧波的左边流入，在燃烧波内反应形成产物，并从右边流出，如图 3-1 所示。

为了简化理论模型，预混气及产物均视为理想气体，忽略黏性力及体积力，反应区相对于管径很小，与管壁无摩擦、无热交换。根据以上假设，其守恒方程如下。

连续方程：

$$\rho_1 u_1 = \rho_2 u_2 = \dot{m} \tag{3-1}$$

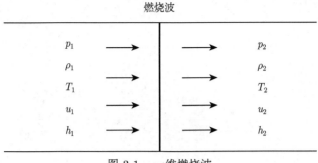

图 3-1   一维燃烧波

动量方程:

$$p_1 + \rho_1 u_1^2 = p_2 + \rho_2 u_2^2 = 常数 \tag{3-2}$$

能量方程:

$$h_1 + \frac{u_1^2}{2} = h_2 + \frac{u_2^2}{2} \tag{3-3a}$$

或

$$c_p T_1 + \frac{u_1^2}{2} + q = c_p T_2 + \frac{u_2^2}{2} \tag{3-3b}$$

式中, h 为总焓 (热焓加上生成焓); q 为反应热。另外还有理想气体状态方程:

$$p_1 = \rho_1 R_1 T_1, \quad p_2 = \rho_2 R_2 T_2 \tag{3-4}$$

式 (3-1)~式 (3-4) 四个独立关系式中共有五个未知数: u_1、u_2、p_2、$h_2(T_2)$ 及 ρ_2。因此不能通过以上各式得出五个未知数的解, 但可以获得解的范围及约束条件。

3.1.1 Rayleigh 关系式

将式 (3-1) 与式 (3-2) 合并得

$$p_2 - p_1 = \rho_1 u_1^2 - \rho_2 u_2^2 = \left(\frac{1}{\rho_1} - \frac{1}{\rho_2} \right) \dot{m}^2 \tag{3-5}$$

$$\frac{p_2 - p_1}{\dfrac{1}{\rho_1} - \dfrac{1}{\rho_2}} = \frac{p_2 - p_1}{v_1 - v_2} = \dot{m}^2 \tag{3-6}$$

式 (3-6) 通常称为瑞利 (Rayleigh) 关系式。在初始状态 (未燃混气) 给定的情况下, 最终状态 (燃气) 的压力与比体积呈线性关系, 称为 Rayleigh 线, 其斜率为 $-\dot{m}^2$。Rayleigh 关系式指出燃烧波不能使压力与比体积同时升高或同时降低, 因此在 p-v 图上, Rayleigh 线只能存在于以初始状态为中心的四个象限中的两个, 即第 II 和第 IV 象限, 如图 3-2 所示。在第 II 象限内, 最终压力升高、比体积下降, 这类燃烧波称为爆震波, 而在第 IV 象限内, 最终压力下降、比体积升高, 这类燃烧波称为缓燃波。

Rayleigh 公式还可以用马赫数的形式表示。未燃混气的马赫数为

$$Ma_1 = \frac{u_1}{c_1}$$

其中，c_1 为未燃气的当地声速：

$$c_1 = \sqrt{kR_1T_1} = \sqrt{k\frac{p_1}{\rho_1}}$$

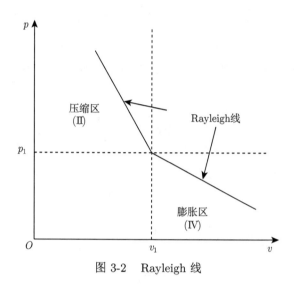

图 3-2 Rayleigh 线

式 (3-6) 可以写成

$$\frac{k\rho_1^2 u_1^2}{k\rho_1 p_1} = \left(\frac{p_2}{p_1} - 1\right) \Big/ \left(1 - \frac{\rho_1}{\rho_2}\right)$$

$$kMa_1^2 = \left(\frac{p_2}{p_1} - 1\right) \Big/ \left(1 - \frac{\rho_1}{\rho_2}\right) \tag{3-7}$$

式 (3-7) 为用马赫数表示的 Rayleigh 关系式。

3.1.2 Rankine-Hugoniot 关系式

利用能量方程也可得到最终压力与比体积的关系式。根据迈耶公式及比热比定义得

$$\left.\begin{array}{l} c_p - c_v = R \\ k = \dfrac{c_p}{c_v} \end{array}\right\} \Longrightarrow c_p = \frac{k}{k-1} R$$

将上式及理想气体状态方程 (3-4)、动量方程 (3-2) 代入能量方程 (3-3a) 得

$$\frac{k}{k-1}\left(\frac{p_2}{\rho_2} - \frac{p_1}{\rho_1}\right) - \frac{1}{2}\left(u_1^2 - u_2^2\right) = q$$

$$\frac{k}{k-1}\left(\frac{p_2}{\rho_2}-\frac{p_1}{\rho_1}\right)-\frac{1}{2}\left(\frac{p_2-p_1}{\rho_1}+\frac{\rho_2}{\rho_1}u_2^2+\frac{p_2-p_1}{\rho_2}-\frac{\rho_1}{\rho_2}u_1^2\right)=q \tag{3-8}$$

再将连续方程 (3-1) 代入式 (3-8)，整理后得

$$\frac{k}{k-1}\left(\frac{p_2}{\rho_2}-\frac{p_1}{\rho_1}\right)-\frac{1}{2}\left(p_2-p_1\right)\left(\frac{1}{\rho_1}+\frac{1}{\rho_2}\right)=q \tag{3-9a}$$

或

$$\frac{k}{k-1}\left(p_2v_2-p_1v_1\right)-\frac{1}{2}\left(p_2-p_1\right)\left(v_1+v_2\right)=q \tag{3-9b}$$

式 (3-9) 称为兰金–于戈尼奥 (Rankine-Hugoniot) 关系式。在 p-v 图上，p_2 与 v_2 之间的关系曲线称为 Hugoniot 曲线，如图 3-3 所示，Hugoniot 曲线是一条双曲线。

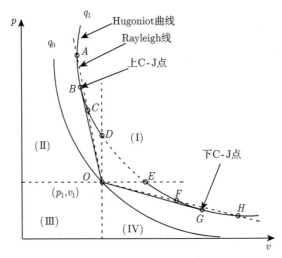

图 3-3   Hugoniot 曲线

由此可见，如果混气的初始状态 (p_1,v_1) 给定，则最终状态 (p_2,v_2) 必须同时满足式 (3-6) 和式 (3-9)，即在 p-v 图上 Rayleigh 线与 Hugoniot 曲线的交点为可能达到的终态。现将 Rayleigh 线 ($\dot{m}$ 不同时可得到一组斜率不同的直线) 和 Hugoniot 曲线 (q 不同时可得到一组不同的双曲线) 同时画在一张 p-v 图上，如图 3-3 所示。

分析图 3-3 可得到如下一些重要的结论：

(1) 图中 q_0、q_1 均为 Hugoniot 曲线，O 点为初态点。如果 $q=0$，此时 Hugoniot 曲线过 O 点，为混气经激波压缩后的最终状态，称为激波 Hugoniot 曲线，即图中 q_0 的曲线。燃烧时 $q>0$，Hugoniot 曲线位于激波 Hugoniot 曲线的右边，如图中的 q_1 曲线。

(2) 根据 Rayleigh 关系式，最终状态只能在第 II、IV 象限，因此 DE 段 (以虚线表示) 没有物理意义。在第 II 象限中，$v_2<v_1$，$p_2>p_1$，即经过燃烧波后气体被压缩，速度减慢。另外，由式 (3-7) 可知，等式右边分子比 1 大得多，而分母小于 1，若取 $k=1.4$，则 $Ma_1>1$，即此时燃烧波在混气中以超声速传播，因此第 II 象限为爆震区。相反，在第

IV 象限，$v_2 > v_1$，$p_2 < p_1$，即经过燃烧波后气体被膨胀，速度增加。同样由式 (3-7) 可知，等式右边值小于 1，则 $Ma_1 < 1$，即此时燃烧波在混气中以亚声速传播，第 IV 象限为缓燃区。

(3) Rayleigh 线与 Hugoniot 曲线分别相切于 B、G 两点，B 点称为上 Chapman-Jouguet 点，简称上 C-J 点，具有终态 B 的波称为 C-J 爆震波。AB 段为强爆震，BD 段为弱爆震。一般 C-J 爆震波是稳定的爆震波，因此在绝大多数实验条件下，自发产生的都是 C-J 爆震波。G 点称为下 C-J 点，具有终态 G 的波称为 C-J 缓燃波。EG 段为弱缓燃波，GH 段为强缓燃波。实验指出，大多数的火焰都是接近于等压过程，因此强缓燃波是不能发生的，有实际意义的只有 EG 段的弱缓燃波，而且 $Ma_1 \approx 0$。

爆震燃烧理论及其应用不是本章讨论的重点，本章下面部分主要讨论常规燃烧弱缓燃波的传播与稳定理论。

3.2　层流预混火焰

在实际燃烧装置中，总是在局部开始点火，形成火焰后再传播到其他空间，燃烧反应之所以能够由局部向周围发展，是因为可燃混气的火焰具有传播的特性。当可燃混气处于静止状态或层流流动状态时，可燃混气的着火部分通过分子导热和扩散，使火焰锋面不断向未燃部分推进，我们称之为层流火焰传播。当火焰传播过程中可燃混气处于湍流状态时，热量和活性粒子的传输就会大大加速，因而加快了火焰的传播，这时称之为湍流火焰传播。湍流火焰传播速度不仅与可燃混合气体的物理化学性质有关，还与气流的湍流程度有关。

工程中的火焰传播基本上都是处于湍流火焰传播状态，而不是层流火焰传播，但由于层流火焰传播是火焰传播理论的基础，又是可燃混气的基本特性，原理也相对简单，因此这里将着重分析层流火焰传播理论，然后将这些概念推广到更具有实际意义的湍流火焰中去。

3.2.1　火焰传播的基本概念

在一个无限大的容器内充满了均匀的可燃混气，如果在容器中某处点燃一团火焰，则可以观察到发光的火焰向四周传播的过程，就像一道球形波一样向周围扩展，如图 3-4 所示，图中显示了 t_1、t_2、t_3 三个不同时刻的火焰锋面位置。这种火焰传播过程就称为火焰波或燃烧波。火焰波将新鲜未燃气与已燃气分开，波的外面为未燃混气，内面为已燃气。向未燃混气传播的火焰前沿称为火焰前锋。火焰前锋的厚度很薄，在常压下一般仅有 0.01~0.1mm，所以理论分析时火焰前锋有时也用一个没有厚度的几何面来表示，称为火焰面。

火焰前锋自动地向新鲜混气传播，我们把火焰前锋沿其法线方向朝新鲜混气传播的速度叫做火焰传播速度，层流火焰传播速度用 S_l 表示。如图 3-5 所示，层流火焰传播速度可表示为

$$S_l = \frac{dn}{dt}$$

式中，dn 为火焰前锋在 dt 时间沿其法向移动的距离。

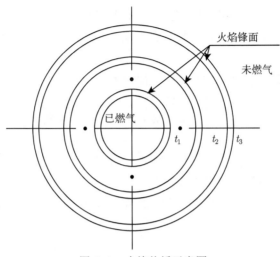

图 3-4   火焰传播示意图

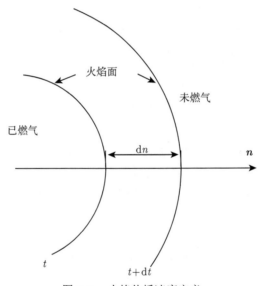

图 3-5   火焰传播速度定义

3.2.2   层流火焰传播速度

层流火焰传播的内在机制有三种理论：① 热理论，认为控制火焰传播的主要机制为从反应区到未燃区的热传导；② 扩散理论，认为来自反应区的链载体的逆向扩散是控制层流火焰传播的主要因素；③ 综合理论，认为热的传导和活性粒子的扩散对火焰传播可能有同等重要的影响。

应当指出，热理论和扩散理论是两个完全不同的物理概念，但是它们的输运方程及质量扩散和热扩散方程基本相同。在热理论里，人们发现，环境温度越高，火焰温度也越高，因此反应速度和火焰传播速度也越高。扩散理论与此十分类似，温度越高，离解越多，扩散的活性粒子浓度越高，从而火焰传播速度也越高。

　　下面将主要介绍热理论。取一维定常管流作为我们的研究对象，如图 3-6 所示。当新鲜混气流动速度与火焰传播速度相等，即 $u_0 = S_1$ 时，这是一个驻定的火焰锋面。实际观察到的火焰前锋很薄，图 3-6 中将它放大，边界从 R 到 P。这一薄层可以分为两个区域：在火焰前锋的前部，混气温度由 T_0 上升到 T_f，浓度下降很快，实际上这一区域的化学反应速率很小，称为预热区，这一部分的宽度以 δ_p 表示；在火焰前锋后部，温度由 T_f 上升到 T_m，浓度继续下降到近似于零，由于化学反应主要集中在这一较窄的区域，因此称为化学反应区，反应区的宽度以 δ_r 表示。

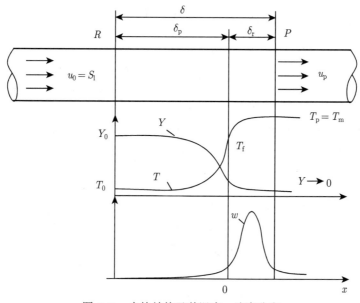

图 3-6　火焰结构及其温度、浓度分布

　　对于一维带化学反应的定常层流流动，其基本方程为

连续方程：

$$\rho u = \rho_0 u_0 = \rho_0 S_1 = \dot{m} \tag{3-10}$$

动量方程：

$$p \approx 常数 \tag{3-11}$$

能量方程：

$$\rho_0 S_1 c_p \frac{\mathrm{d}T}{\mathrm{d}x} = \frac{\mathrm{d}}{\mathrm{d}x}\left(\lambda \frac{\mathrm{d}T}{\mathrm{d}x}\right) + w_F q_C \tag{3-12}$$

式中，等号左边表示混气本身热焓的变化，等号右边第一项是传导的热流，第二项是化学

反应生热量。对于绝热条件，火焰的边界条件为

$$
\left.\begin{array}{l}
x = -\infty,\ T = T_0,\ Y = Y_0,\quad \dfrac{\mathrm{d}T}{\mathrm{d}x} = 0 \\[3mm]
x = +\infty,\ T = T_\mathrm{m},\ Y = 0,\quad \dfrac{\mathrm{d}T}{\mathrm{d}x} = 0
\end{array}\right\}
\tag{3-13}
$$

问题是如何由此确定 S_1，为此有人提出了一种分区近似解法。该方法把火焰分成预热区和反应区，在预热区，由于化学反应不明显，因此可忽略化学反应的影响，而在反应区，由于反应区很薄、温升很小，因此忽略能量方程中温度的一阶导数项。根据假设，在预热区中的能量方程为

$$
\rho_0 S_1 C_\mathrm{p} \frac{\mathrm{d}T}{\mathrm{d}x} = \lambda \frac{\mathrm{d}}{\mathrm{d}x}\left(\frac{\mathrm{d}T}{\mathrm{d}x}\right)
\tag{3-14}
$$

其边界条件是

$$
x = -\infty,\quad T = T_0,\quad \frac{\mathrm{d}T}{\mathrm{d}x} = 0
$$

$$
x = 0,\quad T = T_\mathrm{f}
$$

假定 T_f 是预热区和反应区交界处的温度，并把式 (3-14) 从 T_0 到 T_f 积分，可得

$$
\rho_0 S_1 C_\mathrm{p}(T_\mathrm{f} - T_0) = -\lambda\left(\frac{\mathrm{d}T}{\mathrm{d}x}\right)_\mathrm{I}
$$

下标 "I" 表示预热区。反应区的能量方程为

$$
\lambda \frac{\mathrm{d}^2 T}{\mathrm{d}x^2} + w_\mathrm{F} q_\mathrm{C} = 0
\tag{3-15}
$$

其边界条件是

$$
x = 0,\quad T = T_\mathrm{f}
$$

$$
x = +\infty,\quad T = T_\mathrm{m},\quad \frac{\mathrm{d}T}{\mathrm{d}x} = 0
$$

令

$$
\frac{\mathrm{d}}{\mathrm{d}x}\left(\frac{\mathrm{d}T}{\mathrm{d}x}\right) = \frac{\mathrm{d}T}{\mathrm{d}x}\cdot\frac{\mathrm{d}}{\mathrm{d}T}\left(\frac{\mathrm{d}T}{\mathrm{d}x}\right) = \frac{1}{2}\frac{\mathrm{d}}{\mathrm{d}T}\left(\frac{\mathrm{d}T}{\mathrm{d}x}\right)^2
$$

把上述各条件代入式 (3-15) 中，则

$$
\left(\frac{\mathrm{d}T}{\mathrm{d}x}\right)_\mathrm{II} = \sqrt{\frac{2}{\lambda}\int_{T_\mathrm{f}}^{T_\mathrm{m}} w_\mathrm{F} q_\mathrm{C}\,\mathrm{d}T}
$$

下标 "II" 表示反应区。因为 $\left(\dfrac{\mathrm{d}T}{\mathrm{d}x}\right)_\mathrm{I} = \left(\dfrac{\mathrm{d}T}{\mathrm{d}x}\right)_\mathrm{II}$，则

$$
S_1 = \sqrt{\frac{2\lambda\displaystyle\int_{T_\mathrm{f}}^{T_\mathrm{m}} w_\mathrm{F} q_\mathrm{C}\,\mathrm{d}T}{\rho_0^2 C_\mathrm{p}^2 (T_\mathrm{f} - T_0)^2}}
\tag{3-16}
$$

式中，T_f 为未知。由于化学反应主要集中在反应区，预热区的反应速率很小，因此

$$\int_{T_0}^{T_f} w_F dT \approx 0 \qquad \int_{T_f}^{T_m} w_F dT = \int_{T_0}^{T_m} w_F dT$$

另外，反应区内的温度变化很小，可以认为

$$T_f - T_0 \approx T_m - T_0$$

代入式 (3-16) 中，得到

$$S_l = \sqrt{\frac{2\lambda \int_{T_0}^{T_m} w_F q_C dT}{\rho_0^2 C_p^2 (T_m - T_0)^2}} \tag{3-17}$$

令

$$\int_{T_0}^{T_m} \frac{w_F q_C dT}{T_m - T_0} = q_C \int_{T_0}^{T_m} \frac{w_F dT}{T_m - T_0} = q_C \bar{w}_F$$

即在 $T_0 \sim T_m$，反应速率的平均值为 $\bar{w}_F$。代入式 (3-17)，得到

$$S_l = \sqrt{\frac{2\lambda \bar{w}_F q_C}{\rho_0^2 C_p^2 (T_m - T_0)}}$$

因为 $q_C = (1 + \beta) C_p (T_m - T_0)$，$a = \lambda/\rho C_p$，这里 β 为理论氧化剂量，a 为导温系数。上式改写为

$$S_l = \sqrt{\frac{2a(1 + \beta)\bar{w}_F}{\rho_0}} \tag{3-18}$$

又因为化学反应时间 τ 与平均反应速率 $\bar{w}_F$ 成反比，即

$$\bar{w}_F \propto 1/\tau$$

代入式 (3-18) 可得

$$S_l \propto (a/\tau)^{1/2} \tag{3-19}$$

式 (3-19) 表明，层流火焰传播速度与导温系数的平方根成正比，与反应时间的平方根成反比。也就是说，S_l 是可燃混气的一个物理化学常数。

若将 $\bar{w}_F = K(\rho_0 y_0)^n \exp(-E/RT)$ 及 $\rho = p/RT$ 代入式 (3-18) 中，则可得到

$$S_l \propto \left(\frac{\lambda q_C K(\rho_0 y_0)^n \exp(-E/RT)}{\rho_0^2 C_p^2 (T_m - T_0)} \right)^{1/2} \propto p_0^{(n-2)/2} \tag{3-20}$$

3.2.3 影响层流火焰传播速度及火焰厚度的因素

式 (3-19) 告诉我们，决定层流火焰传播速度的主要因素是混气的化学反应速率和导温系数，因此混气的压力、温度、性质和成分都会影响到层流火焰传播速度。

从式 (3-20) 得出，压力对火焰传播速度的影响是

$$S_1 \propto p^{n/2-1}$$

一般碳氢燃料燃烧过程的反应级数为 1.5~2，因此

$$S_1 \propto p^{-0.25\sim0} \tag{3-21}$$

可见压力改变时，火焰传播速度的变化较小，许多碳氢燃料和空气混合气的实验证实了这一结论。

与压力不同，温度对火焰传播速度的影响较大。当可燃混气的初温 T_0 增加时，会使理论燃烧温度 T_m 升高，因此火焰传播速度 S_1 增加。混气温度对层流火焰传播速度的影响，如图 3-7 所示，混气温度增加，火焰传播速度增加。根据实验结果，可得出

$$S_1 \propto T_0^{1.5\sim2} \tag{3-22}$$

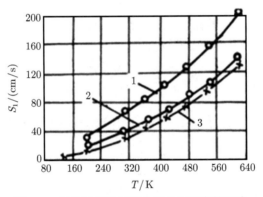

图 3-7   混气温度对层流火焰传播速度的影响

压力、温度对层流火焰的厚度的影响与对火焰传播速度的影响又有所不同。我们利用差分的方法计算层流火焰厚度δ：

$$\frac{\mathrm{d}T}{\mathrm{d}x} \approx \frac{T_m - T_0}{\delta}$$

而

$$\lambda\frac{\mathrm{d}T}{\mathrm{d}x} \approx S_1\rho_0 C_p(T_m - T_0)$$

联立以上两式，可得

$$\delta \approx \frac{\lambda}{\rho_0 C_p} \times \frac{1}{S_1} = a/S_1$$

其中，a 是导温系数。可见火焰厚度与导温系数成正比，与层流火焰传播速度成反比。导温系数与压力、温度的关系是

$$a = a_0\frac{p_0}{p}\left(\frac{T}{T_0}\right)^{1.7}$$

则

$$\delta \approx \delta_0 (p_0/p)^{1.0 \sim 0.75} \tag{3-23}$$

因为温度对导温系数及火焰传播速度的影响力相当，两者的影响相互抵消，因此温度对火焰厚度的影响不大。影响火焰厚度的主要因素是压力，压力下降火焰厚度将增加。当压力降到很低时，可以使 δ 增大到几十毫米。火焰越厚，火焰向管壁散热量越大，从而使得燃烧温度降低。

混气成分改变时，燃烧温度也将发生变化，从而引起火焰传播速度变化。图 3-8 给出了氢与空气在不同初始温度下火焰传播速度随氢气浓度变化的关系曲线。如图所示，在任何一个初始温度下，均存在一个最佳混气成分，此时火焰传播速度最大。另外，对于每一种混气，都存在一定的火焰传播浓度界限，当混气太贫或太富时，火焰就不能传播。这一实验结果，用前面所述的热理论是不能解释的，因为热理论假设火焰是在绝热条件下传播。而在实际条件下，高温火焰要向外界散热，由于热损失的存在，实际火焰温度要低于理论火焰温度，图 3-9 给出有散热与无散热时的火焰温度变化曲线。火焰温度的降低会引起反应速度降低，因而造成 S_1 降低。当混气浓度接近浓度界限时，火焰的热损失达到了一个临界值，这时火焰中化学反应生热量不足以维持火焰传播的需要，结果导致了火焰不能传播。

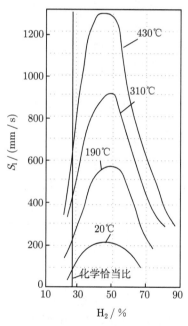

图 3-8　氢与空气的火焰传播速度

混气性质对火焰传播速度也有影响，这是因为混气性质不同，导温系数不同，活化能及火焰温度也不同。当导温系数增加，活化能减少或火焰温度增加时，火焰传播速度增大。混气性质对火焰厚度也有影响。混气性质不同，火焰厚度也不同，一般情况下层流火焰厚度只有 0.01~0.1mm。因为在这么薄的厚度内完成传热、传质及化学反应过程，所以在火焰里有很大的温度梯度，使热量能迅速地从反应区传给新鲜混气，并使新鲜混气迅速地进入反应区，从而保证了火焰以一定的速度传播。

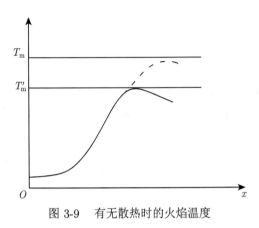

图 3-9　有无散热时的火焰温度

　　燃烧室尺寸对火焰传播也有相当大的影响。当管径或容器尺寸小到某个临界值时,由于火焰单位容积的散热量太大,生热量不足,火焰便不能传播。这个临界管径或尺寸叫淬熄距离 d_q。根据火焰传播的临界条件可得出

$$d_q = 常数/(S_1 p) \tag{3-24}$$

即淬熄距离与火焰传播速度及压力成反比。这个结论已为实验所证实。火焰在管中淬熄有两种原因:一是管径减小,火焰区单位容积的表面积增大,因而通过管壁的散热率增大;二是管径减小,反应区内的活性中间产物碰壁销毁的概率增大。以上两个因素在影响不大时会降低火焰传播速度,影响大时则会使火焰传播无法进行。

3.3　湍流预混火焰

　　湍流预混火焰在实际应用中具有极其重要的地位,并且在许多设备中遇到。在燃烧过程中流动与化学反应往往是密不可分的,但是为了便于研究,燃烧过程常被人为地划分为流动过程与化学反应过程来考察。在湍流燃烧中,湍流流动过程和化学反应过程之间的关联度更高,比如湍流对扩散过程有重要的影响,而在预混火焰中燃气与未燃气之间的湍流扩散过程对化学反应速率有重要的影响,反过来化学反应的放热过程也会影响湍流流动过程,如何确定及定量描述这种相互作用是湍流燃烧研究的一个重要内容。

3.3.1　湍流的基本概念

　　湍流的最大特征是流场中各种流体特性参数是随机不稳定的,因此描述湍流流场的重要方法就是确定特性参数的平均值与脉动值,假定速度 u 是我们要考察的流体特性参数,u 的瞬时值等于它的平均值与脉动值之和,即

$$u(t) = \bar{u} + u'(t) \tag{3-25}$$

这种将变量表示为平均量与脉动量之和的方法称为雷诺分解。

　　显然脉动值反映了湍流脉动的大小,因为脉动值的平均值一定为 0,即 $\bar{u}' \equiv 0$,因此通常用脉动值的均方根表示湍流脉动强度,即

$$u'_{\mathrm{rms}} = \sqrt{\bar{u}'^2}$$

式中，下标 rms 代表均方根，后面这一下标将省略。脉动强度与平均值之比定义为湍流强度 I，即

$$I = \frac{u'}{\bar{u}}$$

造成湍流流场中流体特性参数随机不稳定的因素是湍流中包含了大大小小的不规则运动的流体旋涡，一个旋涡被视为一个宏观的流体微团，其内部具有一致的特性。在湍流状态下的流体包含许多尺寸大小与涡量 (度量角速度的物理量) 不同的旋涡，通常根据旋涡的尺寸与特性来定义湍流的几何尺度。湍流中有许多几何尺度定义，其中最重要的两个尺度是：积分尺度 l_0 与柯尔莫哥洛夫 (Kolmogorov) 尺度 l_k。积分尺度涡是流场中最大尺寸的储能涡，其湍动能将以一定的湍流耗散率持续地向较小尺度涡传递，涡的尺寸也持续变小直到达到最小值，此时涡的能量耗散以分子黏性耗散为主，并与大涡传递过来的湍动能达到平衡，因此涡的尺度将不再变小，这个最小尺度的涡就是柯尔莫哥洛夫尺度涡。

湍流流场中以积分尺度定义的雷诺数称为湍流雷诺数：$Re_{l_0} \equiv u'l_0/v$。根据湍流理论，最大湍流尺度 (积分尺度) 与最小湍流尺度 (柯尔莫哥洛夫尺度) 之比为：$l_0/l_k = Re_{l_0}^{3/4}$。可见湍流雷诺数可以用来衡量湍流尺度涉及的范围。

3.3.2　湍流预混火焰结构

图 3-10 给出了两种典型的本生灯射流火焰：层流预混火焰与湍流预混火焰。如图所示，层流火焰的火焰前锋是光滑的，焰锋厚度很薄，火焰传播速度很小。但是当流速较高，混气流动成为湍流时，它的火焰呈现以下明显的特点：火焰长度缩短，焰锋变宽，并有明显的噪声，焰锋不再是光滑的表面，而是抖动的粗糙表面，因此通常用火焰锋面时均图表示，也称为湍流火焰刷。与层流火焰相比，湍流火焰在射流速度增加的条件下火焰长度反而更短，表明湍流火焰传播速度远比层流火焰速度要快。

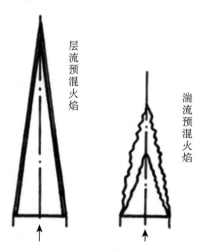

图 3-10　层流预混火焰与湍流预混火焰

湍流可以使层流火焰面发生褶皱，如果此时层流火焰面的基本结构没有发生变化，这一类的湍流火焰称为褶皱层流火焰模式，这是湍流火焰的一个极端状况，与之对应的另一

个极端为分布反应模式，此时层流火焰结构被破坏，且不存在局部火焰面结构，全局呈现均匀分布反应模式。以上两种类型的湍流火焰是两个极端状况，在这两个状态之间还有一个称为旋涡小火焰模式。湍流火焰的基本结构是由湍流尺度 (l_0、l_k) 与层流火焰厚度δ_1 的关系决定。上述三种湍流火焰模式对应的状况是：

褶皱层流火焰　　　　$\delta_1 \leqslant l_k$

旋涡小火焰模式　　$l_0 > \delta_1 > l_k$

分布反应模式　　　　$\delta_1 > l_0$

除了上述条件外，湍流火焰结构还受到脉动速度 u' 与层流火焰速度 S_1 的关系的影响。图 3-11 给出了中火焰面与旋涡相互作用对湍流火焰结构的影响。如图所示，当层流火焰厚度小于最小尺度涡时，此时旋涡不会侵入火焰内部，层流火焰基本结构将不会被破坏，但由于旋涡的运动导致火焰面发生变形，当 $u' < S_1$ 时，火焰面发生了褶皱，如图 3-11(a)；当 $u' > S_1$，火焰面被褶皱成小火焰，如图 3-11(b)，以上两种状况，均维持了层流火焰面的基本结构，因此为褶皱层流火焰模式；当层流火焰厚度介于大涡与小涡尺度之间时，此时小涡可以侵入到层流火焰内部的预热区 (尚不能侵入反应区)，进而加剧了火焰与混气之间的热量与质量输运，同时大涡的运动使层流火焰褶皱成小火焰，整体呈现为旋涡小火焰模式，如图 3-11(c)。当层流火焰厚度大于湍流最大尺度的涡时，此时所有尺度的涡均可侵入火焰内部，且小尺度涡已经可以侵入到火焰内部的反应区，使反应区与预热区之间以及预热区与混气之间的热量与质量交换得以加剧，导致反应区温度骤降进而熄火，此时火焰结构被破坏，且不再存在局部火焰结构，整体呈现分布反应模式。

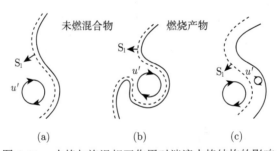

图 3-11　　火焰与旋涡相互作用对湍流火焰结构的影响

3.3.3　湍流预混火焰速度

层流火焰传播速度只和可燃混合气体的物理化学性质有关，而湍流火焰传播不仅与混气的物理化学参数有关，还受到可燃混气湍流特性的强烈影响。在湍流火焰里，混气的燃烧速率明显增加，这是由以下一个或几个因素共同作用造成的，即

(1) 湍流流动使火焰变形，火焰表面积增加，因而增大了反应区；

(2) 湍流加速了热量和活性中间产物的传输，使反应速率增加，即燃烧速率增加；

(3) 湍流加快了新鲜混气和燃气之间的混合，缩短了混合时间，提高了燃烧速率。

丹姆克尔 (Damköhler) 指出，湍流尺度是小于还是大于层流火焰厚度，对湍流火焰传播模式有本质的影响，当湍流尺度远小于层流火焰锋面厚度时，火焰面并不发生皱褶，但由于湍流增加了传热、传质，从而使湍流火焰传播速度比层流火焰传播速度快。对于层流火焰，$S_1 \sim \sqrt{D}$，同样湍流火焰传播速度也可表达为：$S_T \sim \sqrt{D_T}$，这里 D、D_T 分别为分子扩散系数与湍流扩散系数。因此

$$\frac{S_T}{S_1} = \sqrt{\frac{D_T}{D}} \tag{3-26}$$

又因为 $D_T \sim \nu_T \sim u_0' l_0$，同时 $D \sim \nu$，所以

$$\frac{S_T}{S_1} = \sqrt{\frac{u_0' l_0}{D\nu}} = \sqrt{Re_0} \tag{3-27}$$

当湍流尺度大于火焰厚度时，湍流火焰为褶皱层流火焰模式，火焰的褶皱增加了反应区面积，进而提高了总体燃烧速率。图 3-12 给出了褶皱层流火焰模式下湍流火焰速度的定义。由图可知，湍流火焰速度为

$$S_T A = S_1 A_T \tag{3-28}$$

或

$$\frac{S_T}{S_1} = \frac{A_T}{A}$$

式中，A_T 是褶皱火焰面的总面积；A 为来流流通面积。可见，湍流火焰速度与层流火焰速度比决定了褶皱的层流火焰面与湍流火焰面的面积比。图 3-13 给出了火焰面与速度之间的关系，由此可以得到

$$\frac{S_T}{S_1} = \frac{A_T}{A} = \frac{\sqrt{\delta x^2 + \delta y^2}}{\delta x} = \sqrt{1 + \left(\frac{\delta y}{\delta x}\right)^2} = \sqrt{1 + \tan^2\theta} \tag{3-29}$$

根据速度矢量三角形可知，与火焰面垂直的速度分量为 S_1，而与火焰面平行的速度分量为 u'，表示湍流涡团沿火焰面所起的拉伸作用。所以

$$\tan\theta = \frac{u'}{S_1}$$

代入式 (3-29)，得

$$\frac{S_T}{S_1} = \sqrt{1 + \left(\frac{u'}{S_1}\right)^2} \tag{3-30}$$

对于弱湍流与强湍流，式 (3-30) 可简化为

$$u'/S_1 \ll 1 时： \quad \frac{S_T}{S_1} \approx 1 + \frac{1}{2}\left(\frac{u'}{S_1}\right)^2 \tag{3-31}$$

$$u'/S_1 \gg 1 时： \quad \frac{S_T}{S_1} \approx \frac{u'}{S_1} \tag{3-32}$$

由式 (3-32) 可知，对于强湍流，$S_T \approx u'$，表明湍流火焰传播速度与化学动力学因素无关，只取决于湍流脉动速度大小。

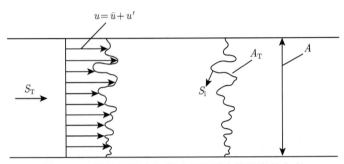

图 3-12　褶皱层流火焰模式下湍流火焰速度的定义

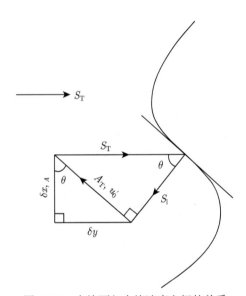

图 3-13　火焰面与火焰速度之间的关系

3.4　预混火焰的稳定

火焰的稳定性及稳定方法是燃烧过程中的一项重要的研究课题，对于任何一个燃烧装置而言，保证燃烧过程中火焰的稳定性及燃烧的安全性非常重要。燃烧装置中火焰的稳定性是指，一旦成功着火，要求在不同的工作条件下保持火焰稳定地传播，或者说，能使燃烧稳定地继续下去而不会熄灭。这就需要掌握火焰稳定的机制，以及在各种条件下保证火焰稳定的方法。

通常将火焰稳定分为两种：一种是低速气流下的火焰稳定，包括回火、吹熄等问题；另一种是高速气流下的火焰稳定。这里首先讨论一维火焰的稳定条件，因为它是火焰稳定的基础。

3.4.1　一维层流火焰的稳定

由式 (3-10) 可知，对于一维层流稳定流动而言，如果混气来流的速度与火焰传播速度相等，即 $S_1 = u_0$，则火焰移动的绝对速度为零，火焰就可以驻定在管内的某一位置上，如图 3-14(a) 所示。

如果火焰传播速度大于可燃混气的流动速度，即 $S_1 > u_0$，则火焰前锋将会一直向可燃混气一侧的方向移动，通常称为回火，如图 3-14(b) 所示。

反之，如果火焰传播速度小于可燃混气的流动速度，即 $S_1 < u_0$，则火焰前锋会一直向已燃气一侧的方向移动，直至火焰被吹出管口。这种情况称为吹熄或脱火，如图 3-14(c) 所示。

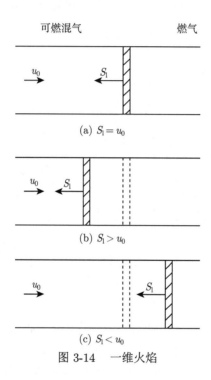

(a) $S_1 = u_0$

(b) $S_1 > u_0$

(c) $S_1 < u_0$

图 3-14　一维火焰

由此可见，为了保证一维火焰的稳定，既不回火，又不吹熄，就必须使火焰传播速度与可燃混气的流动速度相等，即

$$S_1 = u_0$$

上式即一维火焰的稳定条件。

3.4.2　本生灯火焰的稳定

1. 本生灯及锥形火焰

本生灯是实验室里广泛使用的燃烧装置，它是德国人本生 (Bunsen) 首先推荐使用的，其工作原理与工程上的许多低速燃烧装置类似，如喷射式的无焰喷嘴、家用煤气灶喷嘴等。本生灯的工作原理是：预混气体从垂直放置的灯管里流出，混气的成分和流速可以调节，如

果混气成分是化学恰当的, 并且混气流经管口是均匀层流, 则在混气点燃以后, 可以看到一个绿色的层流预混火焰锥稳定在管口上。调节混气的成分、速度, 本生灯还可以产生扩散火焰、湍流火焰等。

图 3-15 就是一个典型的层流预混火焰锥。如图 3-15(a) 所示, 火焰锥顶端呈圆形, 底部与管口不重合, 火焰略向外伸, 在管口附近有一段无火焰区域。火焰锥呈现出的这些特征主要是因为: ① 在火焰锥的顶端, 火焰前锋的曲率半径小, 与火焰面的厚度在数量级上相当, 因此在这个区域的热传导及活性中心的扩散更加强烈, 火焰传播速度也就更快, 所以火焰锥顶端收缩成圆形; ② 火焰向管口壁面散热, 加上活性中心碰壁销毁, 所以靠近喷口处有一个无火焰区, 也称熄火区; ③ 预混气从喷管喷出后向周围扩散, 所以在熄火区外火焰向外凸出。如果本生灯的管口为收敛形, 上述特征依然存在, 但火焰形状更接近正圆锥形, 如图 3-15(b) 所示。

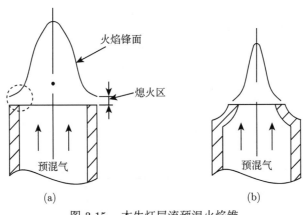

图 3-15   本生灯层流预混火焰锥

2. 锥形火焰的稳定条件

与一维火焰不同, 本生灯火焰呈锥形, 火焰锋面的法向与气流速度方向不在同一条直线上, 在分析本生灯火焰稳定机制之前, 首先分析一下锥形火焰的稳定条件。在图 3-15 的火焰锥上取一微段, 由于微段很小, 可以认为是直线。假设气流与焰锋法线方向成一夹角 ϕ, 如图 3-16(a) 所示。把气流速度 u 分解成两个分速度, 一个是与焰锋表面 ab 垂直的法向分速 u_n, 另一个是与焰锋表面平行的切向分速 u_t。前者产生的牵连运动将使焰锋沿 $n\text{-}n$ 方向移动, 后者产生的牵连运动将使焰锋沿 $a\text{-}b$ 方向顺着焰锋表面移动。当火焰稳定时, 这两个分速引起的焰锋牵连运动必须得到平衡和补偿, 这样焰锋才能相对于灯口的位置不变。首先在火焰锋面的法线方向上, 与法向分速 u_n 相平衡的就是当地的火焰传播速度 S_1, 它们的大小相等而方向相反, 从数值上看 $u_n = S_1$。因为

$$u_n = u \cos \phi$$

所以

$$S_1 = u \cos \phi \tag{3-33}$$

式 (3-33) 称为米海尔松余弦定律, 简称余弦定律。其中 $0° \leqslant \phi \leqslant 90°$, 当 $\phi = 0°$ 时, 则为一维平面火焰, 实际上平面火焰是非常不稳定的, 因为只要气流速度发生稍许变化, 就

会破坏火焰稳定条件，并会发生回火或脱火现象。当 $\phi = 90°$ 时，即气流速度平行于火焰前锋，由式 (3-33) 得 $S_l = 0$，这是不可能的，可见要使火焰稳定，ϕ 必须小于 $90°$。

对于成分、温度等参数一定的可燃预混气而言，可以认为其层流火焰传播速度为定值，但气流的速度可能会在一定范围内发生变化，当气流速度增大时，根据余弦定律，ϕ 要增大，火焰面逆时针旋转，如图 3-16(b) 所示，对应的本生灯火焰锥会伸长；反之当气流速度减小时，ϕ 要减小，火焰面顺时针旋转，如图 3-16(c) 所示，对应的本生灯火焰锥要变短。这就是说，火焰前锋会在气流速度发生变化时，通过改变火焰面的法向与气流速度的夹角来满足余弦定律，从而达到新的稳定。

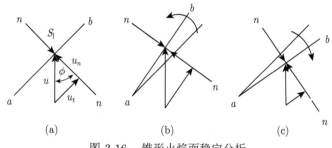

图 3-16　锥形火焰面稳定分析

图 3-16 的火焰锥微段中，气流除了在火焰面的法向有分速度外，在火焰面的切向也有一个分速度 u_t。它将使焰锋面上的质点沿火焰锋面 a-b 方向移动。因此，为了保证火焰在某一点继续存在，必须有另一个相应的质点从前面补充到这一点，这对于焰锋中间的位置是可以实现的，但对于火焰前锋的根部是无法自行实现的，这就需要在根部有一个固定的点火源，通过不断点燃预混气来完成向下游补充质点的需求，从而保证火焰不会被气流吹走。因此，对于锥形火焰而言，在火焰根部具有一个固定的点火源是火焰稳定的另一个必要条件。

综上所述，锥形火焰面的稳定条件有两个：① 满足余弦定律，即可燃混气的法向分速度等于火焰传播速度；② 有固定的点火源。

3. 本生灯火焰的稳定机制

根据以上分析可知，本生灯火焰要稳定在管口上，除了火焰锋面应该满足余弦定律，还应该有一个固定的点火源，那么这个点火源是从哪里来的呢？

通过实验观察发现，如果把一定流量的可燃混气送入本生灯，经点燃后移去点火源，可以看到火焰会稳定在喷口上方。如果送入的可燃混气流量过大，火焰将会从根部开始吹脱；如果可燃混气气流量过小，火焰会回缩到管内燃烧，并发出噪声。这就说明在一定的可燃混气流量范围内，本生灯火焰内必然存在一个稳定的点火源，否则火焰锥就不可能稳定在管口上。下面我们通过对本生灯管口速度分布情况进行分析，以确定稳定点火源存在的机制。

取图 3-15 中管口部分的一小块区域 (图中虚线圆部分)，将其放大，画在图 3-17 中。如图所示，混气在本生灯管内流动时，由于附面层的存在，壁面附近的气流速度逐渐降低，管壁处流速降为零，混气流出后在管口形成自由射流，其截面速度分布呈抛物线形，由于我们所取的区域很小，因此截面速度分布可近似为线性。图 3-17 中画出了距离喷口不同位置上射流边界附近的速度分布，以及不同截面上对应的火焰传播速度曲线。如图所示，在靠近壁面的一段距离内，由于受壁面熄火效应 (火焰向壁面散热及活性中心碰壁销毁) 的影响，火焰传播速度为零，而在远离壁面处，火焰传播速度趋于某一定值。离开管口后火焰传播速度分布将发生变化，有两个因素影响 S_1 的大小：一是管口壁的熄火效应，离管口越远，熄火效应的影响越小，火焰传播速度分布曲线将会向左移动；另一个是预混气浓度的影响，由于射流卷吸作用，靠近外边界区域的预混气的浓度被空气稀释，火焰将无法传播，称为浓度的熄火效应，离管口越远，浓度熄火效应将增大，从而阻止火焰传播速度分布曲线进一步向左移动。

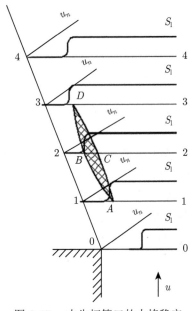

图 3-17   本生灯管口的火焰稳定

下面我们来分析一下管口及下游截面上气流速度与火焰传播速度之间的关系。如图 3-17 所示，在管口截面 0-0 上，由于壁面的熄火效应明显，截面上每一处气流速度都大于火焰传播速度，即 $u_n > S_1$，因此火焰不可能在这个截面上稳定下来，而会被吹向下游。随着火焰前锋向下游移动，管壁的熄火效应减弱，S_1 曲线将向左移动，只要气流速度不是很大，总能找到一个平衡位置，此时 S_1 曲线与 u_n 曲线相切一点，这个切点对应的位置为截面 1-1 上的 A 点，在 A 点上有 $u_n = S_1$。如果稍有扰动，火焰从 A 点向下游移动到达 2-2 截面，此时壁面的熄火效应继续下降，S_1 曲线继续向左移动，使 u_n、S_1 两曲线相交于 B、C 两点，在 BC 区间内，$u_n < S_1$，将使火焰向上游移动，并回到 1-1 截面上的 A 点。同样扰动也有可能使火焰从 A 点向上游脉动，此时 $u_n > S_1$，火焰又会被吹回到 A 点。由此可见，在 A 点上不仅满足火焰稳定条件，而且还具有一定的抗扰动能力，因此火焰可以在这一点上固定下来，从而形成了相对固定的点火源。由于火焰呈圆锥形，整个火

焰锥内与 A 点相似的点可构成一个圆，我们称之为点火环。

如果扰动使火焰移动到 3-3 截面，此时壁面的熄火效应几乎不存在，但由于射流卷吸作用，浓度熄火效应明显增强，S_1 曲线不再向左移动，反而会向右移动，u_n、S_1 两曲线再一次相切于一点，对应的位置为 D。D 点同样满足火焰稳定的条件，但不具有 A 点的抗扰动能力，如果火焰从 D 点向下游脉动，到达 4-4 截面，此时浓度的熄火效应进一步加强，S_1 曲线向右移动，使 u_n、S_1 两曲线相离，$u_n > S_1$，火焰将被吹跑。如果火焰从 D 点向上游脉动，此时 $u_n < S_1$，火焰将会回到 A 点。所以 D 点不可能形成稳定的点火源。

将 A、B、C、D 连成一个封闭区域，事实上这是一个旋转体，在该区域内均满足 $u_n \leqslant S_1$。正是这个区域的存在，保证了本生灯火焰存在一个固定的点火源 (这里为点火环)。有了这个点火源之后，本生灯的火焰锋面可以自动调节火焰面的法向与气流速度之间的夹角，以满足锥形火焰稳定的另一个条件，即余弦律。

对于一定的可燃混气，本生灯火焰也只能在一定的混气流速 (或流量) 范围内可以稳定。如果提高气流速度，用上述分析方法可以知道，$ABCD$ 区域将向下游移动并逐渐缩小，最后缩小成一点。此时如果再增大气流速度，则火焰将会被气流吹脱而熄火。反之，如果减小气流速度，$ABCD$ 区域将逐渐扩大，A 点向上游移动，直到管口截面，此时如果继续降低流速，将会使 A 点向管内窜动，产生回火现象。

3.4.3　高速混气流中火焰稳定

碳氢燃料与空气的预混气的层流火焰传播速度很少超过 0.4m/s，湍流火焰传播速度也仅有 1m/s 左右。但是在许多高强度的燃烧装置中，如冲压发动机和燃气轮机发动机的燃烧室中，燃料与空气混合物的流速高达 50m/s，在加力燃烧室内气流速度甚至高达 150～180m/s。在这样的高速下，管壁边界层非常薄，比熄火距离小得多，以至于在边界层内气流速度始终大于火焰传播速度，因此，如果不采取特殊的措施，火焰是不能稳定的。最常用的方法是在高速气流中产生回流区，利用回流区使火焰稳定。下面详细介绍回流区稳定火焰的机制。

1. 回流区的建立

在河流中，如果有个障碍物，比如一块/座凸起的石头或桥墩，在它们的后面总会看见水流过时形成的旋涡，在那里不停地旋转，这个区域就是回流区。在燃烧室中，产生回流区的方法有很多，像航空发动机的主燃烧室中采用旋流器产生回流区，加力燃烧室中常采用 V 形槽或 V 形锥产生回流区。下面以一个 V 形锥稳定器为例说明回流区的形成机制。

如图 3-18 所示，气流以一定的速度流过稳定器时，由于黏性力的作用，V 形锥后面的隐蔽区内的气体被卷吸，并形成局部的低压区。当气流流到这个区域的尾部时，气体速度相对减慢，静压提高，从而与前面的负压区形成压力差，在这个压力差的作用下，有一部分气体以与主流相反的流动方向流向稳定器的隐蔽区，由于整个过程是连续的，即稳定器后的空气不断被带走，又不断被后面的气体逆流而补充，于是在这个空间形成两个大致对称的旋涡，并不停地旋转。从三维的角度来看，这是一个轴对称的涡环，从二维的角度来看则是两个对称的涡。这就是回流区的形成过程。

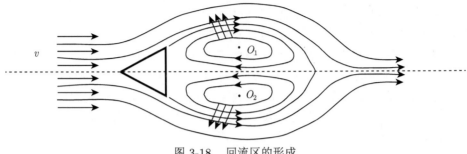

图 3-18　回流区的形成

2. 回流区的结构

为了说明回流区在稳定火焰中的作用，我们来分析一下回流区的结构。图 3-19 画出回流区内的气流结构，并给出了三个不同截面上的轴向速度分布。

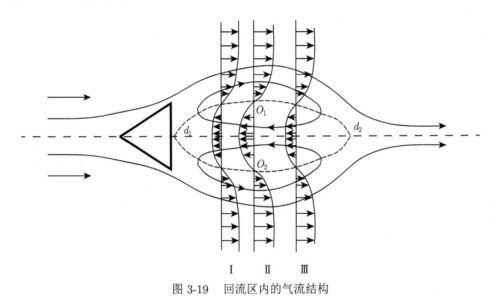

Ⅰ　　Ⅱ　　Ⅲ

图 3-19　回流区内的气流结构

如图 3-19 所示，由于稳定器的对称性，气流流过时形成两个大致对称的椭圆形旋涡，每个旋涡中间有个核心，气体大体绕它旋转，核心处的速度为零，我们称之为涡心，定义 O_1 为上涡心，O_2 为下涡心。

在紧靠障碍物背后的凹形区内，存在一个气流滞止的点 d_1，我们称这个滞止点为前死心。在回流区的尾部，由气流结构造成一个菱形区，它的核心点 d_2 处气流也是滞止的，称为后死心。

由过涡心的截面上的轴向速度分布可知，在 O_1 点以上及 O_2 点以下，其轴向气流速度方向和主流方向相同，在涡心处轴向速度为零，离开涡心后轴向速度逐渐加大，直至等于主流速度。在 O_1 和 O_2 两点之间，气流轴向速度方向与主气流速度方向相反，随着距 O_1 和 O_2 越远，回流速度渐大，直到二旋涡交界处，即障碍物的中线处达到最大，但它的绝对值仍比主流速度小。

在其他截面上的轴向速度分布，其形状与过涡心的截面相似，如图 3-19 中的 I、II、III 截面，每个截面都有逆流部分，因此都存在上下两个零轴向速度点，把这些点用虚线连接起来，称之为零轴向速度线 (简称零速线)，这条线包围的包括上下两个旋涡的轴向逆流部分称为逆流区。在零速线以外，轴向速度与主流方向相同，称为顺流区。

顺流区应当有个外边界，拿上旋涡来说，从零速线向上，速度逐渐加大，最大到等于主流速为止。这里定义当 $dv/dy \rightarrow 0$ (y 为垂直于中心线的纵坐标) 时，即为顺流区的边界。

在 d_1 所在的紧靠稳定器背后的区域称为前死区。前死区内主要是已燃气，温度较高，因此对预混气具有加热作用。如果燃烧采用的是液体燃料，前死区内的热气流对稳定器有加热作用，从而可以促进稳定器外表面上的燃油蒸发。另外，在回流区某种原因使温度降低时，前死区可以起补充热量的作用。

在 d_2 所在的回流区尾部的那个菱形区称为后死区，这个区是由气流结构所决定的，见图 3-20。当顺流区的边界附近气流流至尾部时，一部分折返进入逆流区，另一部分沿流线向后流去，于是在分流处形成这个菱形速度分布的后死区。d_2 点处的时均气流速度几乎为零，以 d_2 为中心，作一个斜交叉的十字坐标可以看出，离 d_2 点越远，速度越快，而且各分支坐标上气流方向都不一样。后死区是残余火焰留存地，在实验中可观察到，当主流区火焰熄灭后，主回流区也无火焰，而在这个远离稳定器的菱形区内，有断续的火焰存在，虽然它处于不稳定的状态，但只要它仍然存在，当前面的燃烧条件转好时，它又能把整个回流区点燃。

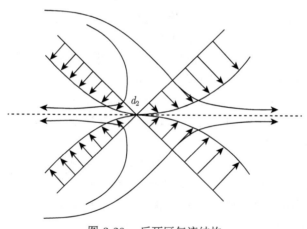

图 3-20　后死区气流结构

总之，回流区是包括这 4 个区 (顺流区、逆流区、前死区及后死区) 在内的整个大菱形区，而不是仅指逆流区。

3. 回流区稳定火焰机制

在我们知道了回流区的气流结构及其特性后，很容易理解它是如何点火和稳焰的。正是由于回流区造成的逆流区及顺流区的存在，火焰稳定成为可能。

如图 3-21 所示，在回流区选取任一横截面，这里我们选取穿过 $O_1\text{-}O_2$ 的横截面来分析。该截面的轴向速度分布如曲线 $a\text{-}a$ 所示，燃料与空气在越过钝体边缘后，大致形成可燃混气时它的火焰传播速度为 S_t，其值为 $0 < S_t \ll v_{\mathrm{main}}$($v_{\mathrm{main}}$ 为当地的主流速度)。在 O-O 截面，顺流区内气流的轴向速度 $v = 0 \sim v_{\mathrm{main}}$ 分布，那么总可以在这个分布中找到一点 (如图中的 b 点)，这里的气流速度恰好和火焰传播速度相等，且方向相反，即 $v_b = S_t$，这满足了火焰稳定的基本条件，即火焰在此固定不动，成为一个固定的点火源。

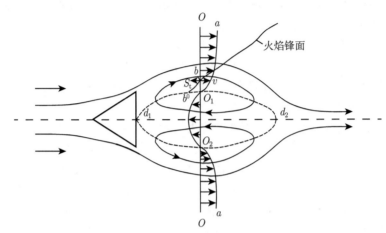

图 3-21   回流区火焰稳定示意图

点火源并不一定就在 O-O 截面上，它有可能在前面，也有可能在后面，这要视气流及混气参数而定，但可以肯定的是点火源一定在顺流区内。

由于火焰的传播是在法线方向上以球面向外传播，那么以 b 点为点火源的火焰，将会向上、向下传播，向上将把 b 点上方相邻的 b' 层 (图中未标示) 点燃，但此处的气流速度 $v_b' > S_t$，那么会发生吹脱现象，即火焰将以 $v_b' - S_t$ 的速度向后推移，但当它刚脱离 b' 点时，紧接着流来的混气又被 b 点点燃，尽管这将落后一个小距离，但火焰仍是连续的。同样 b' 又会将更上层的 b''(图中未标示) 点燃，这样一层层地把火焰传播出去，由于分层滞后，火焰面有个倾斜的角度。

在 b 点的下方，火焰将传播至邻层 b^0，但此处的气流速度小于 S_t，火焰将前传，即回火现象，但前面的混气形成尚不充分，此时的火焰传播速度变小，当等于该地的气流速度时即停止，于是火焰迅速地充满稳定器后的整个火焰筒截面。

如果气流速度突然加大，点火源将内缩，在 $S_t = v_{\mathrm{local}}$(当地气流速度) 处稳定，若气流速度突然减小，点火源外伸，仍然是在 $S_t = v_{\mathrm{local}}$ 处稳定，混气形成较好、较早，点火源将前移，混气形成较差、较迟，点火源将后撤，一般点火源总是在顺流区内某个上下、前后不太大的范围内移动，当条件非常恶劣时点火源移至顺流区后部，甚至后死区，那就离熄灭不远了。

由于我们分析的是一个剖面，实际是一个轴对称的空间，因此固定点火源是一个圆环，它的稳焰作用就更强了。

在一般情况下进入逆流区的是已燃气，其温度接近于该混气相应的理论燃烧温度，由于离解的作用，存在大量的活性粒子，这对顺流区的点燃、燃烧都有很大的促进作用，因此有人认为，回流区的点燃是逆流区高温燃气作用的结果。逆流区形成的高温、强湍流核心，起到对液态油珠的蒸发裂化以及对混气的加温等作用，这显然对点燃是有利的。由于存在大量的活性粒子，亦将加剧化学反应的进行，因此说它起点火作用，也是有道理的。

4. 回流区火焰稳定理论

回流区的火焰稳定理论，有很多学派。其中最主要的有两种：一种是能量理论；另一种是特征时间理论。

能量理论认为，混气是受到回流区内高温燃气的加热，达到着火温度而使火焰保持稳定。如果回流区传给可燃新鲜混气的热量不足以使混气达到着火温度，则火焰熄灭。回流区具有的热量 Q_r 可表示为

$$Q_r = V w_F q_C$$

即回流区具有的热量 Q_r 和回流区容积 V、化学反应速率 w_F 及燃料的低热值 q_C 成正比。而点燃新鲜混气需要的热量 Q_s 为

$$Q_s = \dot{m} C_p (T_B - T_0)$$

式中，$\dot{m}$ 是与热回流区边界接触的新鲜混气量；C_p 是混气的比热；T_B、T_0 分别是混气的着火温度与初始温度。

当混气流速较低时，回流区传出的热量超过新鲜混气点燃所需的热量，火焰就会稳定住。如果混气流速增大，此时点燃新鲜混气需要的热量也增大，当它超过回流区传出的热量时，就会点不着混气而使火焰熄灭。所以，为了找出火焰稳定条件，需要确定回流区容积、稳定器尺寸、化学反应速率与混气压力、温度等参数的关系，根据实验可以得出：回流区容积 $V \propto d^3$，其中 d 是稳定器的特征尺寸，化学反应速率 $w \propto p^n T^a$，其中 n 是反应级数。与回流区接触的混气量 $\dot{m}$ 可以写成

$$\dot{m} \propto u \rho d^2$$

式中，u 是混气流速；混气密度 $\rho = p/(RT)$；d^2 代表新鲜混气与热回流区的接触表面积。把它们代入 Q_s、Q_r 中可以得到

$$Q_s/Q_r \propto u/ \left(p^{n-1} T^{n+1} d \right) = 常数 \tag{3-34}$$

如果这一比值超过某一临界值，火焰就熄灭。而小于该临界值时，火焰就稳定。因此，这一临界值就可作为均匀混气火焰稳定的判据。可以看出，均匀混气的压力增加，温度升高，稳定器的尺寸变大，就可以在较高的流速下保持火焰稳定。从式 (3-34) 可知，当温度压力不变时，$u/d=$ 常数，可以作为定温、定压系统的火焰稳定判据。

另一个回流区火焰稳定理论是特征时间理论，它认为火焰稳定性取决于两个特征时间的关系，一个是新鲜混气在回流区外边界停留的时间 τ_s，另一个是点燃新鲜混气所需的准备时间，即着火感应期 τ_i。研究表明，未燃混气微团与热燃气接触后，吸热升温，这时混气微团内的化学反应虽已开始，但并没有显著的化学变化，需要经过一段准备时间，积累足够的热量以后才能着火燃烧，这一段准备时间就叫做着火感应期。显然 $\tau_s \geqslant \tau_i$，则火焰可以稳定，反之，$\tau_s < \tau_i$，则火焰就会熄灭。我们知道，$\tau_s \propto d/u$，即停留时间和回流区长度或稳

定器尺寸成正比,与混气流速成反比。对于绝热反应系统,感应期 $\tau_i \propto 1/(p^{n-1}\mathrm{e}^{-E/(RT)})$。把它们代入 τ_i/τ_s 中,可得到

$$\tau_i/\tau_s \propto u/p^{n-1}\mathrm{e}^{-E/(RT)}d = 常数 \tag{3-35}$$

可以看出,由特征时间理论得到的稳定性准则和由能量理论得到的稳定性准则结论基本相同。因此适当地增加稳定器尺寸,增加混气的温度,使混气成分接近化学恰当比,增加混气压力等,都可以在较高的流速下保持火焰稳定。

习 题

3.1 什么是爆震与缓燃?爆震波与缓燃波的传播机制有什么不同?火焰传播速度的物理概念又是什么?

3.2 C-J 点是 Rayleigh 线与 Hugoniot 曲线相切的切点,证明:C-J 点还是 Rayleigh 线与等熵线的切点,且 C-J 点上马赫数均为 1,与介质的热力性质无关。

3.3 湍流火焰传播速度比层流火焰传播速度快,为什么?提高层流火焰与湍流火焰传播速度的措施有什么异同?

3.4 某管形燃烧器以氢气为燃料,空气为氧化剂,氢气与空气在到达燃烧器管口时已充分混合,混气当量比为 0.9。已知氢气的供给流量为 0.0003m³/s,燃烧器管口上的锥形火焰高度为 20mm,管径为 10mm,试求火焰传播速度。

3.5 以本生灯与 V 形稳定器为例,说明低速与高速气流下火焰稳定的机制有何不同。

第4章　扩　散　火　焰

前面讨论的燃烧或火焰都是在燃料和氧化剂充分混合、均匀分布的情况下进行的, 即燃料和氧化剂是预先混合好的。而工程应用中大多都是将燃料和氧化剂分别送入燃烧区域进行燃烧的, 比如, 从管口喷射出气体燃料的燃烧, 油雾在空气中的燃烧, 燃气轮机内的燃烧, 以及液体火箭发动机内的燃烧等, 这些情况下, 燃料和氧化剂的混合过程比化学反应速率慢得多, 混合过程控制了燃烧速率。由于燃料与氧化剂的混合过程通常是通过分子或微团的扩散来完成的, 因此燃烧速率主要取决于扩散速率, 这一类燃烧称之为扩散燃烧, 或扩散火焰。在工程应用中, 扩散燃烧时燃料与空气通常以射流形式出现, 因此本章主要讨论射流扩散燃烧的基本理论与特性。

4.1　自由射流扩散火焰

假定在一个无限大的空间里充满了静止的流体 (氧化剂), 一股无反应的流体 (燃料) 通过喷口喷入, 这就是自由射流。通常气体燃料以射流形式喷入静止的大气中, 燃料与空气在射流流动中扩散混合, 形成可燃混气, 着火后形成自由射流扩散火焰。显然自由射流流动与扩散过程对扩散火焰有重要的影响, 因此我们首先讨论一下自由射流特性。

4.1.1　自由射流特性

图 4-1 为燃料从半径为 R 的喷嘴中喷射到静止的空气中的层流射流基本结构。如图 4-1(a) 所示, 在喷嘴的出口处存在一个称为气流核心或射流核心的区域。在气流核心内黏性力和扩散还不起作用, 因而流体速度、射流流体 (燃料) 的质量分数保持均匀不变, 且等于喷嘴出口处的值。射流与周围介质的分界面称为射流边界, 在气流核心与射流边界之间, 燃料的速度和浓度 (质量分数) 都单调减小, 并在边界处减小为 0。由此可见, 在气流核心之外 $(x>x_c)$, 黏性力和质量扩散在整个射流宽度的范围内都起作用。当燃料喷入静止的空气中时, 燃料的部分动量传递给周围的空气, 随着射流向下游推进, 射流速度不断减小, 获得动量的空气不断增加, 射流边界向外扩张。根据动量守恒原理, 射流在任意 x 截面上的

动量均相等，且等于喷嘴出口的射流动量，即

$$2\pi \int_0^\infty \rho\left(x, r\right) v_x^2\left(x, r\right) r \mathrm{d}r = \rho_e v_e^2 \pi R^2 \tag{4-1}$$

式中，ρ_e 和 v_e 分别为燃料射流在喷嘴出口处的密度和速度。

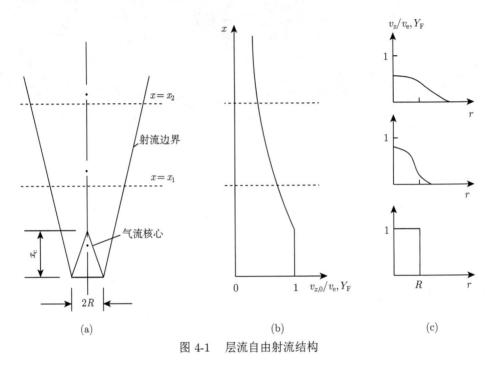

图 4-1   层流自由射流结构

从图 4-1(b) 和 (c) 中还可以看出，无论是射流的中心轴线上还是某个特定 x 的截面，燃料的质量分数分布与无量纲速度分布是相同的。这是因为影响速度场的是动量的对流与扩散，影响燃料浓度场的是组分的对流与扩散，两者具有相似性。与射流动量守恒类似，从喷嘴流出的燃料质量也是守恒的，即

$$2\pi \int_0^\infty \rho\left(x, r\right) v_x\left(x, r\right) Y_\mathrm{F}\left(x, r\right) r \mathrm{d}r = \rho_e v_e \pi R^2 Y_{\mathrm{F},e} \tag{4-2}$$

式中，$Y_{\mathrm{F},e}=1$，为喷嘴出口处燃料的质量分数。

层流自由射流的速度场与燃料质量分数的具体分布需要建立流体力学方程组进行求解，这里介绍一组简化分析的结果。假设压力、温度以及整个流场内流体密度为常数，动量和组分的扩散率为常数且相等，即 Schmidt 数 ($Sc = \nu/D$) 等于 1，且只考虑径向的动量与组分扩散，忽略轴向扩散 (这一假设只在距离喷嘴出口下游一定的距离适用)。在上述条件下简化运动和组分守恒方程，结合边界条件可得出层流射流速度场与燃料的质量分数分布：

$$v_x/v_e \equiv Y_\mathrm{F} = 0.375 Re_j \left(x/R\right)^{-1} \left(1 + \xi^2/4\right)^{-2} \tag{4-3}$$

$$v_{x,0}/v_e \equiv Y_{\mathrm{F}x,0} = 0.375 Re_j \left(x/R\right)^{-1} \tag{4-4}$$

式中，$Re_j = \rho_e v_e R / \mu$，为射流雷诺数；$\xi = \left(\dfrac{3\rho_e J_e}{16\pi}\right)^{1/2} \dfrac{1}{\mu}\dfrac{r}{x}$，为无量纲位置变量，其中 r/x 为相似变量，$J_e = \rho_e v_e^2 \pi R^2$，为射流初始动量。式 (4-3) 和式 (4-4) 只在距离喷嘴一定距离外适用，这个距离的范围为 $(x/R) > 0.375 Re_j$。

扩张率与扩张角是常用的射流参数，为了定义这两个参数，我们引入射流半宽 $r_{1/2}$ 的概念，即在射流某一轴向距离的横截面上，当射流速度减小到该截面中心轴线上速度的一半时所对应的径向距离，为此轴向距离上的射流半宽。扩张率是射流半宽和轴向距离的比值，而扩张角正切值就等于扩张率，图 4-2 给出射流半宽与扩张角的定义。扩张率与扩张角的经验表达式如下：

$$r_{1/2}/x = 2.97 \left(\frac{\mu}{\rho v_e R}\right) = 2.97 Re_j^{-1} \tag{4-5}$$

$$\alpha \equiv \arctan\left(r_{1/2}/x\right) \tag{4-6}$$

从式 (4-5) 和式 (4-6) 可以看出，射流雷诺数越高，射流越窄。

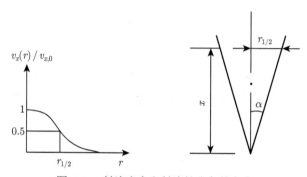

图 4-2　射流半宽和射流扩张角的定义

4.1.2　层流射流扩散火焰

层流射流扩散火焰基本特点如图 4-3 所示。燃料从喷嘴喷出后在沿轴向流动时迅速向外扩散，而空气则向内扩散，两者混合形成可燃混气，着火后形成顶端封闭的火焰面。对于扩散燃烧而言，火焰面一定位于当量比为 1 的位置上，否则火焰面的位置及火焰形状就不稳定。假设某处火焰面上的当量比大于 1，此时火焰面上就有多余的燃料没有被烧完，它们将继续向外扩散，与向内扩散的空气在该火焰面外形成可燃混气，着火后形成新的火焰面，显然新的火焰面阻断了空气向内扩散，原火焰面因此而熄灭，其结果相当于火焰面向外移动了一段距离。同理，当火焰面上当量比小于 1 时，火焰面也会向内移动一段距离。总之，扩散燃烧的火焰面一定是处在当量比为 1 的位置上，即火焰表面就是流场中混气当量比等于 1 的点轨迹。火焰长度 L_f 可定义为

$$\phi\left(r = 0, x = L_f\right) = 1$$

代入式 (4-4) 可得

$$L_f = \frac{0.375 Re_j R}{Y_{F,\text{stoic}}} = \frac{0.375 \rho v_e R^2}{\mu Y_{F,\text{stoic}}} \tag{4-7}$$

由式 (4-7) 可知，层流射流扩散火焰长度与射流出口速度成正比，与射流出口面积成正比。

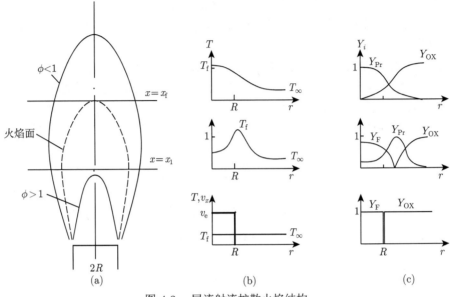

图 4-3   层流射流扩散火焰结构

图 4-3(a) 显示火焰面内混气当量比大于 1，而火焰面外混气当量比小于 1。事实上这是着火前的混气浓度场，这里的火焰面也只是当量比为 1 的点的轨迹。因为混气一旦着火并形成稳定的火焰面后，燃料与氧化剂将在火焰面上燃烧殆尽，火焰面对燃料与氧化剂而言是不可渗透的，即燃料不会扩散到火焰面之外，氧化剂也不会扩散到火焰面之内。燃烧过程会使火焰面上产生大量燃烧产物，它们会向火焰面内外两个方向扩散，不同产物向外扩散不能穿过射流外边界，向内扩散也不能进入气流核心区。图 4-3(b) 和 (c) 显示了不同截面上的温度与组分的浓度分布。

我们注意到图 4-3(a) 给出的火焰面是没有厚度的几何面，它所对应的燃烧反应速率应为无限大，而实际燃烧过程的反应速率是有限值，因此实际的火焰是有一定厚度的反应区，如图 4-4 所示，图中虚线是理想浓度分布，实线是实际浓度分布，1 是理想火焰面，2 是实

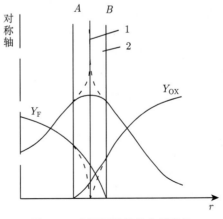

图 4-4   实际射流扩散火焰结构

际火焰区，A、B 分别是火焰区的内、外边界。可见此时燃料与氧化剂实际浓度分布在火焰区内存在交叉，但氧化剂不会穿过火焰的内边界 A，燃料也不会穿过火焰的外边界 B。图中还显示了理想与实际两种温度分布曲线，由于反应在有限空间内发生，且存在散热，因此实际燃烧温度低于理想燃烧温度。

4.1.3 湍流射流扩散火焰

当燃料喷射速度增加时，会使层流射流扩散火焰向湍流射流扩散火焰过渡。图 4-5 显示了随射流速度增加层流射流扩散火焰过渡到湍流射流扩散火焰的过程。如图所示，当射流速度较低时，火焰保持层流状态，火焰面光滑、稳定，随着射流速度增加，火焰高度增加，直到某一最大值，此时火焰仍保持层流火焰状态，但是如果再增大喷射速度，在火焰顶部开始出现颤动、皱折、破裂，呈现出湍流火焰状态。由于湍流的影响，湍流扩散混合加快，燃烧速度增加，火焰高度缩短。继续增加喷射速度，颤动、皱折、破裂的开始点向喷口方向移动，直到破裂点靠近喷口，此时射流火焰达到完全湍流火焰状态。此后，再增加射流速度，开始破裂的位置不变，火焰高度趋于定值，但噪声增加。

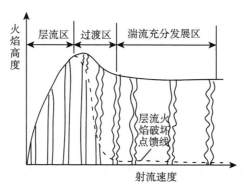

图 4-5 射流扩散火焰随射流速度的变化

与层流火焰相比，湍流扩散火焰具有如下特点：①湍流射流扩散火焰面是皱折、波动、破裂的，不能精确测量其火焰高度，且湍流射流扩散火焰高度与射流速度无关，仅与射流直径有关；②湍流射流扩散火焰前沿厚度较宽，并处于激烈脉动中，但其温度、速度、浓度的时间平均值分布也与层流射流火焰类似。图 4-6 显示湍流扩散火焰的瞬态和时均照片。

湍流射流扩散火焰的参数分布可以通过求解方程组的方法来获得。假设：①忽略辐射热损失；②物性不随温度变化；③不考虑湍流脉动与燃烧间的相互作用。在轴对称条件下的湍流射流扩散燃烧的方程组如下：

$$\frac{\partial(ru)}{\partial x} + \frac{\partial(rv)}{\partial r} = 0 \tag{4-8}$$

$$ru\frac{\partial u}{\partial x} + rv\frac{\partial u}{\partial r} = \nu_{\mathrm{T}}\frac{\partial}{\partial r}\left(r\frac{\partial u}{\partial r}\right) \tag{4-9}$$

$$ru\frac{\partial f_{\mathrm{s}}}{\partial x} + rv\frac{\partial f_{\mathrm{s}}}{\partial r} = D_{\mathrm{T}}\frac{\partial}{\partial r}\left(r\frac{\partial f_{\mathrm{s}}}{\partial r}\right) - \frac{\omega_{\mathrm{s}}r}{\rho} \tag{4-10}$$

$$ru\frac{\partial(T-T_\infty)}{\partial x} + rv\frac{\partial(T-T_\infty)}{\partial r} = \alpha_T\frac{\partial}{\partial r}\left[r\frac{\partial(T-T_\infty)}{\partial r}\right] + \frac{\omega_s Q_s r}{\rho C_P} \qquad (4\text{-}11)$$

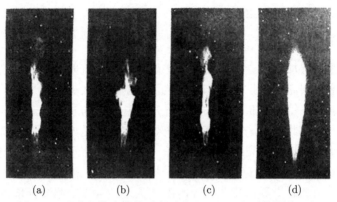

(a)   (b)   (c)   (d)

图 4-6　湍流扩散火焰的瞬态照片 (a)~(c) 和时均照片 (d)

边界条件：

$r \geqslant b, 0 \leqslant x \leqslant \infty$：

$$u_1 = T - T_\infty = (f_F)_1 = f_{OX} - f_{OX,\infty} = 0$$

$$\frac{\partial u}{\partial r} = \frac{\partial(T-T_\infty)}{\partial r} = \frac{\partial f_F}{\partial r} = \frac{\partial(f_{OX}-f_{OX,\infty})}{\partial r} = 0 \qquad (4\text{-}12)$$

$r = 0, 0 \leqslant x \leqslant \infty$：

$$v = 0, \quad \frac{\partial u}{\partial r} = \frac{\partial(T-T_\infty)}{\partial r} = \frac{\partial f_F}{\partial r} = \frac{\partial(f_{OX}-f_{OX,\infty})}{\partial r} = 0 \qquad (4\text{-}13)$$

$x = 0, 0 \leqslant r \leqslant \frac{1}{2}d_0$：

$$\frac{\partial u}{\partial r} = \frac{\partial(T-T_\infty)}{\partial r} = \frac{\partial f_F}{\partial r} = \frac{\partial(f_{OX}-f_{OX,\infty})}{\partial r} = 0 \qquad (4\text{-}14)$$

在火焰面上 $r = r_f$ 处，$(f_F)_f = (f_{OX})_f = 0$。这里 f 为相对质量浓度，d_0 为射流孔直径，射流宽度为 $2b$，下标 s 代表燃料 F、氧化剂 OX、产物 P 中的任一组元。

为了消去式 (4-10) 和式 (4-11) 中的化学反应项，设化学反应按下列当量关系进行：

$$1(F) + \beta(OX) \rightarrow (1+\beta)(P) + 1Q_F \qquad (4\text{-}15)$$

其中, (F)、(OX)、(P) 分别表示燃料、氧及燃烧产物; β 是消耗单位质量的燃料所需氧气的质量。

若以化学反应速率来表示式 (4-15)，则有

$$-\omega_F = -\frac{\omega_{OX}}{\beta} = \frac{\omega_p}{1+\beta} = -\frac{Q_s\omega_s}{Q_F} \qquad (4\text{-}16)$$

由式 (4-16) 可得

$$\omega_{\mathrm{F}} - \frac{\omega_{\mathrm{OX}}}{\beta} = 0; \quad \frac{\omega_{\mathrm{OX}}}{\beta} + \frac{\omega_{\mathrm{p}}}{1+\beta} = 0; \quad \omega_{\mathrm{F}} + \frac{\omega_{\mathrm{F}}}{1+\beta} = 0$$

$$\omega_{\mathrm{F}} - \frac{Q_{\mathrm{s}}\omega_{\mathrm{s}}}{Q_{\mathrm{F}}} = 0; \quad \frac{\omega_{\mathrm{OX}}}{\beta} - \frac{Q_{\mathrm{s}}\omega_{\mathrm{s}}}{Q_{\mathrm{F}}} = 0 \tag{4-17}$$

利用式 (4-17) 的关系可以将式 (4-10) 和式 (4-11) 中的各源、汇项消去，从而转化成守恒标量的方程：

$$ru\frac{\partial Y}{\partial x} + rv\frac{\partial Y}{\partial r} = \nu_{\mathrm{T}}\frac{\partial}{\partial r}\left(r\frac{\partial Y}{\partial r}\right) \tag{4-18}$$

其中，综合变量 Y 代表了五个守恒标量，即

$$Y_{\mathrm{FO}} \equiv (f_{\mathrm{OX}} - \beta f_{\mathrm{F}}) - f_{\mathrm{OX},\infty}$$

$$Y_{\mathrm{Op}} \equiv \left(f_{\mathrm{OX}} + \frac{\beta}{1+\beta}f_{\mathrm{P}}\right) - \left(\frac{\beta + f_{\mathrm{OX},\infty}}{1+\beta}\right)$$

$$Y_{\mathrm{FT}} \equiv C_{\mathrm{p}}\left(T - T_{\infty}\right) + f_{\mathrm{F}}Q_{\mathrm{F}}$$

$$Y_{\mathrm{OT}} \equiv C_{\mathrm{p}}\left(T - T_{\infty}\right) + \frac{(f_{\mathrm{OX}} - f_{\mathrm{OX},\infty})\,Q_{\mathrm{F}}}{\beta}$$

$$Y_{\mathrm{FP}} \equiv \left(f_{\mathrm{F}} + \frac{f_{\mathrm{P}}}{1+\beta}\right) - \frac{1}{1+\beta}\left(1 - f_{\mathrm{OX},\infty}\right) \tag{4-19}$$

式 (4-18) 的边界条件为

$$x = 0, 0 \leqslant r \leqslant \frac{d_0}{2} : Y = (Y)_0$$

$$x = \infty, 0 \leqslant r \leqslant \infty : Y = 0, \frac{\partial Y}{\partial r} = 0$$

$$r \geqslant b, 0 \leqslant x \leqslant \infty : Y = 0, \frac{\partial Y}{\partial r} = 0$$

$$r = 0, 0 \leqslant x \leqslant \infty : v = 0, \frac{\partial Y}{\partial r} = 0$$

式 (4-18) 是一个没有化学反应项的流体力学方程，它的解为

$$\frac{Y}{Y_0} = F(x, r) = \left(1 + 24c\frac{x}{d_0}\right)^{-1}\left[1 - \frac{2r}{d_0}\left(1 + 24c\frac{x}{d_0}\right)^{-1}\right] \tag{4-20}$$

式中，c 是湍流扩散常数，$c \approx 0.0128$。燃料与氧化剂以化学当量比 1 在火焰面上相遇并反应，因此在火焰面上燃料和氧化剂浓度为零，即当 $r = r_{\mathrm{f}}$ 时有

$$(Y_{\mathrm{FO}})_{\mathrm{f}} = [(f_{\mathrm{OX}} - \beta f_{\mathrm{F}}) - f_{\mathrm{OX},\infty}]_{\mathrm{f}} = -f_{\mathrm{OX},\infty}$$

$$(Y_{\mathrm{FO}})_0 = -(\beta f_{\mathrm{F}} + f_{\mathrm{OX},\infty})$$

则

$$\frac{Y_{\mathrm{FO}}}{(Y_{\mathrm{FO}})_0} = \frac{(Y_{\mathrm{FO}})_{\mathrm{f}}}{(Y_{\mathrm{FO}})_0} = \frac{f_{\mathrm{OX},\infty}}{\beta + f_{\mathrm{OX},\infty}} = F(x_{\mathrm{f}}, r_{\mathrm{f}}) \tag{4-21}$$

代入式 (4-20) 得

$$\frac{(Y_{\mathrm{FO}})_{\mathrm{f}}}{(Y_{\mathrm{FO}})_0} = \frac{f_{\mathrm{OX},\infty}}{\beta + f_{\mathrm{OX},\infty}} = \left(1 + 24c\frac{x_{\mathrm{f}}}{d_0}\right)^{-1}\left[1 - \frac{2r_{\mathrm{f}}}{d_0}\left(1 + 24c\frac{x_{\mathrm{f}}}{d_0}\right)^{-1}\right] \tag{4-22}$$

当燃料与氧化剂给定后，$f_{\mathrm{OX},\infty}$、β 均为确定值，则式 (4-22) 实际上也是火焰结构方程。

当 $r_{\mathrm{f}} = 0$ 时，可由式 (4-22) 得湍流自由射流扩散火焰的高度

$$\frac{f_{\mathrm{OX},\infty}}{\beta + f_{\mathrm{OX},\infty}} = \left(1 + 24c\frac{x_{\mathrm{f}}}{d_0}\right)^{-1}$$

即

$$x_{\mathrm{f}} = \frac{\beta d_0}{24c f_{\mathrm{OX},\infty}} \tag{4-23}$$

由此可见，湍流自由射流扩散火焰的高度与管径和 β 成正比，与湍流扩散常数 c、氧浓度 $f_{\mathrm{OX},\infty}$ 成反比，但与初始速度无关。

下面来分析射流火焰横截面上的成分分布和温度分布。由于在火焰前锋面内部只有燃料没有氧化剂，即 $0 \leqslant r \leqslant r_{\mathrm{f}}$ 时，有 $f_{\mathrm{ox}} = 0$，$(f_{\mathrm{F}})_0 = 1$，由式 (4-19) 和式 (4-20) 知

$$Y_{\mathrm{FO}} \equiv (f_{\mathrm{OX}} - \beta f_{\mathrm{F}}) - f_{\mathrm{OX},\infty} = -(\beta f_{\mathrm{F}} + f_{\mathrm{OX},\infty})$$

$$(Y_{\mathrm{FO}})_0 \equiv -\beta\left(1 + \frac{f_{\mathrm{OX},\infty}}{\beta}\right)$$

$$\frac{Y_{\mathrm{FO}}}{(Y_{\mathrm{FO}})_0} \equiv \frac{f_{\mathrm{F}} + \dfrac{f_{\mathrm{OX},\infty}}{\beta}}{1 + \dfrac{f_{\mathrm{OX},\infty}}{\beta}} = F(x, r) \tag{4-24}$$

由此得

$$f_{\mathrm{F}} = F(x, r)\left(1 + \frac{f_{\mathrm{OX},\infty}}{\beta}\right) - \frac{f_{\mathrm{OX},\infty}}{\beta} \tag{4-25}$$

在火焰前锋面外部只有氧化剂没有燃料，即 $r_{\mathrm{f}} \leqslant r \leqslant b$ 时，$f_{\mathrm{F}} = 0$，由式 (4-19) 和式 (4-20) 知

$$Y_{\mathrm{FO}} \equiv (f_{\mathrm{OX}} - \beta f_{\mathrm{F}}) - f_{\mathrm{OX},\infty} = f_{\mathrm{OX}} - f_{\mathrm{OX},\infty}$$

$$\frac{Y_{\mathrm{FO}}}{(Y_{\mathrm{FO}})_0} \equiv \frac{f_{\mathrm{OX}} - f_{\mathrm{OX},\infty}}{-\beta\left(1 + \dfrac{f_{\mathrm{OX},\infty}}{\beta}\right)} = F(x, r)$$

由此得

$$f_{\mathrm{ox}} = f_{\mathrm{OX},\infty} - F(x,r)(\beta + f_{\mathrm{OX},\infty}) \tag{4-26}$$

式 (4-25) 和式 (4-26) 给出了射流扩散火焰中燃料和氧浓度的分布。

同样根据式 (4-19) 中的 $Y_{\mathrm{FP}} \equiv \left(f_{\mathrm{F}} + \dfrac{f_{\mathrm{P}}}{1+\beta}\right) - \dfrac{1}{1+\beta}(1 - f_{\mathrm{OX},\infty})$ 关系式，可推得

当 $0 \leqslant r \leqslant r_{\mathrm{f}}$ 时，

$$f_{\mathrm{P}} = \left(1 + \frac{f_{\mathrm{OX},\infty}}{\beta}\right)[1 - F(x,r)] \tag{4-27}$$

当 $r_{\mathrm{f}} \leqslant r \leqslant b$ 时，

$$f_{\mathrm{P}} = (\beta + f_{\mathrm{OX},\infty})F(x,r) + (1 - f_{\mathrm{OX},\infty}) \tag{4-28}$$

根据式 (4-19) 中的 $Y_{\mathrm{OT}} \equiv C_{\mathrm{p}}(T - T_{\infty}) + \dfrac{(f_{\mathrm{ox}} - f_{\mathrm{ox},\infty})Q_{\mathrm{F}}}{\beta}$ 关系式，以及当 $0 \leqslant r \leqslant r_{\mathrm{f}}$，$f_{\mathrm{OX}} = 0$ 时，可以推得

$$T = T_{\infty} + \left[(T_0 - T_{\infty}) - \frac{f_{\mathrm{OX},\infty}Q_{\mathrm{F}}}{C_{\mathrm{p}}\beta}\right]F(x,r) + \frac{f_{\mathrm{OX},\infty}Q_{\mathrm{F}}}{C_{\mathrm{p}}\beta} \tag{4-29}$$

当 $r_{\mathrm{f}} \leqslant r \leqslant b$，$\rho_{\mathrm{F}} = 0$ 时，可以推得

$$T = T_{\infty} + \left[(T_0 - T_{\infty}) - \frac{Q_{\mathrm{F}}}{C_{\mathrm{p}}}\right]F(x,r) \tag{4-30}$$

在火焰面上根据式 (4-21) 有 $F(x_{\mathrm{f}}, r_{\mathrm{f}}) = \dfrac{f_{\mathrm{OX},\infty}}{\beta + f_{\mathrm{OX},\infty}}$，代入式 (4-30) 得火焰温度：

$$T_{\mathrm{f}} = T_{\infty} + \left[(T_0 - T_{\infty}) - \frac{Q_{\mathrm{F}}}{C_{\mathrm{p}}}\right]\frac{f_{\mathrm{OX},\infty}}{\beta + f_{\mathrm{OX},\infty}} \tag{4-31}$$

这是射流中可能达到的最高火焰温度，但实际的扩散火焰中由于热损失，火焰温度将比式 (4-31) 计算的低。

根据以上分布方程可画出燃料、氧化剂与燃烧产物的浓度分布以及燃烧温度分布示意图，如图 4-7 所示。

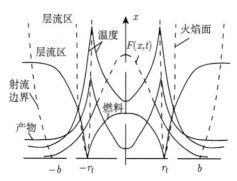

图 4-7　射流扩散火焰中各成分及温度分布示意图

4.2 纵向受限射流火焰

4.2.1 纵向受限射流的流动特性

以上讨论的射流扩散火焰是向无限空间内的自由射流扩散火焰，而在实际应用中如燃气轮机、燃气炉中的射流火焰多是限制在有限容积的燃烧室内的，即为受限射流火焰。受限射流可以分为两类：一类是射流 (燃料) 射入的方向和主流 (空气) 的方向垂直，称之为横向受限射流；另一类是燃料射流射入的方向和空气流的方向平行，称之为纵向受限射流。纵向受限射流在工程中较为常见，下面讨论这种射流的流动特性。

图 4-8 为同轴纵向受限射流结构示意图。如图所示，当射流沿管轴喷射时，射流边界逐渐扩张，并同管壁相交于 P 点，由于射流的卷吸作用，从边界不断吸入气体，被卷吸的气体质量 m_e 从容器上游端流入，习惯上把这个从上游流入的气体称为二次流。

根据射流的卷吸能力 m_e 和二次流质量 m_s 的相对值，受限射流可出现三种流动特性：

(1) $m_s > m_e$，即射流卷吸的气体能得到充足的补充，这时的流场与自由射流相似，如图 4-8 所示。

(2) $m_s > 0$，但 $m_s < m_e$，即射流的卷吸能力大于二次流的补充能力，于是在 P 点附近被 "抽空"，形成局部低压，产生回流，随着二次流减少，回流区扩大，如图 4-9 所示。

(3) $m_s = 0$，由于卷吸的气体得不到补充，形成大范围的低压区，使回流区尺寸发展到最大，这种情况相当于突扩管内的流动，如图 4-10 所示。

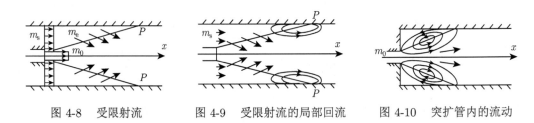

图 4-8 受限射流   图 4-9 受限射流的局部回流   图 4-10 突扩管内的流动

下面介绍一种常见的无回流区的受限射流的分析理论。

4.2.2 布克-舒曼的无回流区理论解

为了简化理论模型，假设：

(1) 火焰面厚度趋于零，火焰面位于燃料和氧化剂的混气当量比为 1 的位置；

(2) 扩散系数与温度及成分无关，忽略由加热引起的膨胀及燃气性能的变化；

(3) 燃料和氧化剂流速相等。

对轴对称、定常流动的质量守恒方程为

$$\frac{\partial}{\partial r}\left[r\rho D_{OX}\frac{\partial f_{OX}}{\partial r}\right] - \rho ur\frac{\partial f_{OX}}{\partial x} - r\omega_{OX} = 0 \tag{4-32}$$

$$\frac{\partial}{\partial r}\left[r\rho D_F\frac{\partial f_F}{\partial r}\right] - \rho ur\frac{\partial f_F}{\partial x} - r\omega_F = 0 \tag{4-33}$$

因为 $\omega_{OX} = \beta \omega_F$, 令 $Y = \beta f_F - f_{OX}$, 设 $D_{OX} = D_F = D$, 将式 (4-33) 乘以 β 后, 与式 (4-32) 相减后得

$$\frac{\partial}{\partial r}\left[r\rho D\frac{\partial Y}{\partial r}\right] - \rho u r \frac{\partial Y}{\partial x} = 0 \tag{4-34}$$

根据假设, 这里 ρ 与 D 是常数, 方程 (4-34) 可以简化为

$$\frac{1}{r}\frac{\partial}{\partial r}\left(r\frac{\partial Y}{\partial r}\right) - \frac{u}{D}\frac{\partial Y}{\partial x} = 0 \tag{4-35}$$

用分离变量法, 令 $Y(x,r) = R(r)\Phi(x)$, 代入式 (4-35) 整理得

$$\frac{1}{rR(x)}\frac{\mathrm{d}}{\mathrm{d}r}\left[r\frac{\mathrm{d}R(r)}{\mathrm{d}r}\right] = \frac{u}{D}\frac{1}{\Phi(x)}\frac{\mathrm{d}\Phi(x)}{\mathrm{d}x} \tag{4-36}$$

方程 (4-36) 左边是 r 的函数, 右边是 x 的函数, 因此只有等式为常数时才能成立, 设此常数为 k^2, 则方程 (4-36) 可变为以下两个方程:

$$\frac{\mathrm{d}\Phi(x)}{\mathrm{d}x} + k^2\frac{D}{u}\Phi(x) = 0 \tag{4-37}$$

$$\frac{1}{r}\frac{\mathrm{d}}{\mathrm{d}r}\left[r\frac{\mathrm{d}R(r)}{\mathrm{d}r}\right] + k^2 R(r) = 0 \tag{4-38}$$

式 (4-37) 为常系数方程, 式 (4-38) 为零阶贝塞尔方程, 可分别求解, 最后得 $Y(x,r)$ 的通解为

$$Y(x,r) = c_1 \mathrm{e}^{-k^2\frac{D}{u}x}\mathrm{J}_0(k,r)$$

式中, k 和 c_1 为待定系数。利用边界条件:

$$x = 0, \quad 0 \leqslant r \leqslant \frac{1}{2}d_0 时: \qquad Y = \beta(f_F)_0, \quad u = u_0$$

$$x = 0, \quad d_0 \leqslant r \leqslant R 时: \qquad Y = -f_{OX,\infty}$$

$$x \geqslant 0, \quad r = 0 及 r = R 时: \qquad \frac{\partial Y}{\partial r} = 0$$

以及火焰面上 $Y = 0$ 的条件, 可解得火焰面的形状, 布克 (Burke) 和舒曼 (Schumann) 解得了如下的火焰形状隐函数关系:

$$\sum_{n=1}^{\infty}\frac{1}{k_n}\left[\frac{\mathrm{J}_1(k_1 d_0/2)\mathrm{J}_0(k_n r_\mathrm{f})}{\mathrm{J}_0^2(k_n R)}\right]\mathrm{e}^{-(k_n^2 Dx_\mathrm{f}/u_0)} = E \tag{4-39}$$

其中

$$E = \frac{R^2 f_{OX,\infty}}{d_0[f_{OX,\infty} + \beta(f_F)_0]} - \frac{d_0}{4}$$

J_0、J_1 是贝塞尔函数,可查阅数学手册。计算结果表明,在氧化剂充足的条件下燃烧时,火焰是挂在燃料喷口的正锥形火焰,如图 4-11(a) 所示,令 $r_f = 0$,则由式 (4-39) 可求得火焰高度;在氧化剂不充足的条件下燃烧时,火焰是挂在氧化剂流通的环形通道口的倒锥形火焰,如图 4-11(b) 所示,令 $r_f = R$,则由式 (4-39) 可求得火焰高度。图 4-12 给出不同氧化剂浓度条件下的纵向受限射流火焰结构。

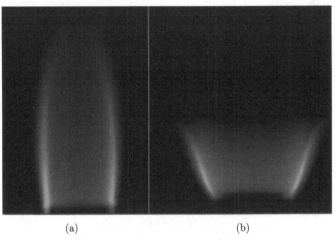

(a)   (b)

图 4-11   纵向受限射流火焰结构

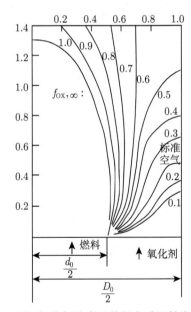

图 4-12   不同氧化剂浓度下的纵向受限射流火焰结构

如果取式 (4-39) 的第一项,可以得到

$$x_f \propto \frac{u_0 R^2}{D} \tag{4-40}$$

其结果和层流自由射流火焰高度的关系一致，由式 (4-40) 可得到如下结论：

(1) 层流受限火焰的火焰高度与燃料和空气的总流量成正比，与扩散系数 D 成反比；

(2) 因为 D/u_0 与压力无关，当总流量保持不变时，火焰高度和压力无关；

(3) 如果在燃料中加入惰性气体，如氮气，使 $(f_F)_0$ 降低，火焰向内移动；

(4) 化学计量系数 β 减小也使火焰向内移动。

4.3　旋转射流扩散火焰

为了稳定火焰与强化燃烧，工业装置中常用旋转射流来获得旋流扩散火焰。图 4-13 显示了圆形轴对称旋转射流的结构。与自由射流相比，旋转射流有如下基本特征：

(1) 流场中任一点的速度都有三个分量：轴向分量 u、径向分量 v 和切向分量 w。随着离开轴心线距离的变化，切向分速度经历小—大—小的变化，最大切向分速度所在圆柱表面将流场划分为两个区域：中央区和外围区，如图 4-13(a) 所示。中央区的切向分速度分布类似于旋转的刚体，其变化规律符合 $\omega = kr$（k 为常数，r 为半径）；外围区也称自由涡区，切向分速度随半径的增大而降低，按 $wr = k$ 的规律变化。

(2) 由于旋转运动，流场中产生了轴向和径向压力梯度。当旋转强烈时，压力梯度增大，而使中心线附近压力达到最低，从而形成轴对称回流区 (图 4-13(c))。

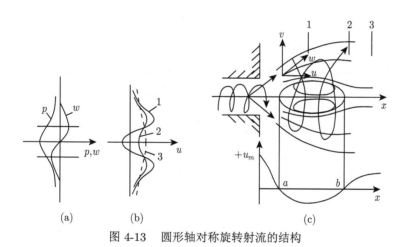

图 4-13　圆形轴对称旋转射流的结构

通常用无量纲准则参数旋流数来表示流体旋转强弱程度。旋流数定义为切向旋转动量矩 G_φ 与轴向推动力 G_x 和特征尺寸 r_0(射流出口半径) 乘积之比，用 S 来表示，即

$$S = \frac{G_\varphi}{G_x r_0} \tag{4-41}$$

其中，切向旋转动量矩为

$$G_\varphi = \int_0^R wr\rho u 2\pi r \mathrm{d}r = 常数 \tag{4-42}$$

轴向推动力为

$$G_x = \int_0^R u\rho u 2\pi r \mathrm{d}r + \int_0^R p 2\pi r \mathrm{d}r = 常数 \tag{4-43}$$

式 (4-42) 和式 (4-43) 中的 u 和 w 为任意横截面的轴向速度和切向速度，p 为任意横截面的静压力，r_0 为喷嘴出口半径，R 为旋转射流的旋转半径。这里 G_φ 与 G_x 均为常数，表示它们与所取的截面无关，通常只与旋流器结构有关。

旋流数是几何相似的旋流器所产生的旋转射流的重要相似准则。按旋流数的大小可把旋转射流分为弱旋流和强旋流。当 $S < 0.6$ 时，射流内的压力梯度不足以产生回流区，称为弱旋转射流；当 $S > 0.6$ 时，射流内的压力梯度较大，足以产生回流区，称为强旋转射流。

4.3.1　弱旋转射流扩散火焰

弱旋转射流根据轴向速度的分布分为两种：

一种是旋流强度很小 ($S < 0.4$)，轴向速度分布与自由射流相似，呈高斯分布并具有相似性，可用以下方程表示：

$$\frac{u}{u_m} = \exp\left[-K_u \frac{r^2}{(x+a)^2}\right] \tag{4-44}$$

其中，a 为射流原点距喷口距离，系数 K_u 与旋流数有关，由以下经验公式确定：

$$K_u = \frac{92}{1+6S} \tag{4-45}$$

另一种是旋流强度较大但还未大到产生回流 ($0.4 < S < 0.6$)，这时轴向速度最大值将离开射流轴线，形成双峰形速度分布，轴向速度分布没有相似性，但轴向速度始终为正。当 $x/d_0 \geqslant 4$ 时，其轴线上的最大速度沿轴线分布按双曲线规律衰减，即

$$\frac{u_m}{u_0} = \frac{6.8}{1+6.8S^2} \cdot \frac{d_0}{x+a} \tag{4-46}$$

其卷吸量为

$$\frac{m_e}{m_0} = (0.32 + 0.8S)\frac{x}{d_0} \tag{4-47}$$

由 $u = \frac{1}{2}u_m$ 的各点所确定的射流扩张角随旋流数增大而增大，可表示为

$$\theta = 4.8 + 14S \tag{4-48}$$

弱旋转射流的轴向速度的衰减随旋流强度的增加而加快，但切向速度的衰减与旋流强度无显著关系。

弱旋转射流扩散火焰几乎在整个火焰长度上均有比较冷的核心区存在，而反应区处于冷核心区和环境空气流之间的某区域内。由于冷核心区内的气体和反应区的燃烧产物湍流混合作用，冷核心区温度沿 x 方向逐渐升高。

弱旋转射流扩散火焰的轴向速度的衰减也随旋流强度的增加而加快，但衰减速率比不燃烧时慢，切向速度的衰减也与旋流强度无关，但衰减速率也比不燃烧时慢。

4.3.2　强旋转射流扩散火焰

弱旋转射流的应用范围并不广，在工程燃烧技术中，广泛采用强旋转射流，利用回流区起稳定火焰的作用。图 4-13 给出的正是强旋转射流的流线和速度分布。

随着旋流强度增大，射流扩张角增大，卷吸量增加，从而使轴向、切向和径向速度衰减加快。其衰减规律为：轴向和径向速度按 $1/x$ 规律衰减，切向速度按 $1/x^2$ 规律衰减，压力按 $1/x^4$ 规律衰减。而回流区的长度、宽度随旋流强度增大而增大。

射流出口的几何形状对旋转射流的流动影响很大。图 4-14 是射流出口有、无扩张段时，旋转射流在相同的旋流强度条件下，回流区尺寸和速度分布的比较。加装扩张段后，增加了回流区的尺寸和回流量。当扩张角很大且旋流强度超过某一极限时，会出现一种如图 4-15 所示的附壁流动，产生的火焰也是贴壁的，这种流型的火焰，适合辐射加热炉，起均匀加热的作用。

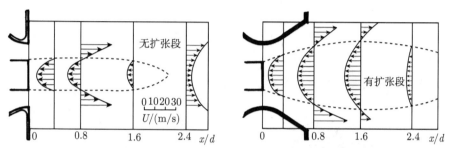

图 4-14　射流出口有、无扩张段时回流区尺寸和速度分布

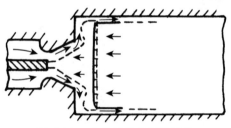

图 4-15　大扩张角的附壁流动

综上所述，旋转射流扩散火焰的特点可概括为：

(1) 旋流强度很低的扩散火焰，外形与自由射流扩散火焰类似。火焰在离喷口一定距离处稳定。由于旋流作用使混合加强，燃烧速率加快，因此火焰比自由射流扩散火焰要短而宽。随旋流强度增加，与自由射流扩散火焰差异明显。

(2) 强旋流下产生了回流区，增加了火焰稳定性，使着火点靠近喷口。旋流强度越大，射流扩张角越大，卷吸量增加，混合更强烈，火焰更短、更宽。

(3) 扩张角很大且旋流强度超过某一极限时，火焰将贴附在扩张段及外壁面上，呈平面火焰。

习　题

4.1　在一张图上完整地画出层流自由射流结构与扩散火焰结构，包括温度分布以及燃料、氧化剂、产物的质量分数分布。

4.2　解释为什么在射流扩散火焰中当量比为 1 的轮廓线即为火焰边界。

4.3　已知某层流射流扩散火焰的高度为 8cm，现将射流管口直径增加 50%，射流出口速度降低 50%，此时火焰高度变为多少？若将层流射流改为湍流射流，同样变化后火焰高度又为多少？

4.4　根据旋流数的定义，证明轴向叶片式旋流器的旋流数为

$$s = \frac{2}{3}\left[\frac{1-(R_{\mathrm{i}}/R_{\mathrm{o}})^3}{1-(R_{\mathrm{i}}/R_{\mathrm{o}})^2}\right]\tan\alpha$$

轴向叶片式旋流器结构与参数如下图所示。

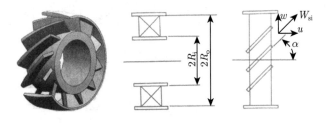

第5章 着火与熄火过程

从无化学反应向稳定的燃烧反应的过渡过程称为着火过程。相反，从燃烧反应向无反应状况的过渡过程就是熄火过程。在日常生活和工业应用中，不同情况下对着火与熄火的要求是不同的。比如对于工业应用中的燃烧设备，要求能迅速、可靠地点燃燃料并形成正常的燃烧工况；而对于矿井中的防爆和消防灭火等则是要防止燃烧的发生，或是燃烧一旦发生要设法使之熄灭。本章的主要目的就是从某些典型的着、熄火现象出发，分析化学动力因素与流体力学因素的相互关系，从而建立着、熄火的定量关系，为燃烧现象的分析和燃烧设备的工程设计提供依据。

5.1 着火的热自燃理论

从机理上可将着火过程分为热自燃与化学自燃，前者基于热传导，后者基于自由基扩散，着火分析时热自燃理论主要基于能量守恒方程，化学自燃理论则基于扩散方程。通常在高温下热自燃是着火的主要原因，因此这里主要介绍热自燃理论。

燃烧反应是放热的氧化反应，反应放热的结果是使预混气的温度升高，而它反过来又促进反应加速，因此化学反应放热的速率及其放热量是促进着火的有利因素。而另一方面反应系统温度升高后与环境温度间存在温度梯度，就必然存在向环境的散热，这是不利于反应的因素。热自燃理论认为，着火是反应放热因素和散热因素相互作用的结果，如果在某一系统中反应放热占优势，则着火成功，熄火不易；否则着火不易，熄火容易。基于这个思想我们来分析着、熄火的临界条件。

5.1.1 着火条件

着火条件的定义为：如果在一定初始条件 (对闭口系统) 或边界条件 (对开口系统) 下，系统不可能在整个时间区段或空间区段保持低温水平的缓慢反应态，将出现一个剧烈的加速过渡过程，使系统在某个瞬间或某个空间位置上达到高温反应态 (即燃烧态)，而实现这个过渡过程的初始条件或边界条件就称为 "着火条件"。着火条件不能理解为化学反应速率随温度变化的突变性质，而应理解为发生突变的系统的初始条件。着火条件是化学动力参数和流体力学参数的综合函数。对于一定种类的可燃混气，其着火条件可由下列函数关系表示：

$$f\left(\tau_i, x_i, T_0, p, d, h, T_\infty, u_\infty, \cdots\right) = 0$$

式中，τ_i、x_i 分别为着火时间 (着火延迟时间) 与位置 (着火距离)；T_0 是预混气的初温；p 是预混气的压力；d 是系统的尺寸；h 是系统与环境对流换热系数；u_∞ 是环境气流速度；T_∞ 是环境温度。除此之外还有其他影响因素，这里就不一一列出了。

5.1.2　谢苗诺夫的非稳态分析法

谢苗诺夫通过分析在闭口系统中预混可燃气体中着火过程，给出了着火临界条件的关系式。闭口系统虽然在工程中缺少实用价值，但由于闭口系统中的物理因素比较简单，容易揭示着火的本质。

假设在密闭容器中，存在一定初温的可燃混气，在发生化学反应时，放出一定的热量。热量一方面促进反应的加速，同时也会通过器壁向外界散热。谢苗诺夫非稳态分析法是假定在容器内可燃气体的温度和浓度是均匀分布，混气反应过程只随时间变化。谢苗诺夫作如下假设：

(1) V 和 S 分别代表容器的体积和表面积，在反应过程中，容器内的混合气体成分、温度和密度 (或压力) 是均匀分布的；

(2) 混气的初温 T_0、容器的壁温 T_w 与环境温度 T_∞ 三者均相同，容器内无自然对流也无强迫对流；

(3) 容器与环境之间有对流换热，对流换热系数 h 等于常数；

(4) 在着火之前，忽略容器内反应物浓度和温度的变化。

图 5-1 给出了模型简化的示意图。闭口系统能量方程为

$$V\rho C_\mathrm{v}\frac{\mathrm{d}T}{\mathrm{d}t} = VQw_\mathrm{s} - h \cdot s\left(T - T_\infty\right) \tag{5-1}$$

式中，ρ 为可燃气体的密度；C_v 为定容热容；Q 为反应热；w_s 为反应速率。

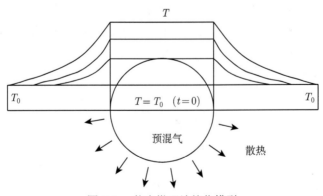

图 5-1　热自燃理论简化模型

将上式改写为

$$\rho C_{\mathrm{v}} \frac{\mathrm{d}T}{\mathrm{d}t} = Q w_{\mathrm{s}} - \frac{h \cdot s}{V} (T - T_{\infty}) = q_G - q_L \tag{5-2}$$

其中，q_G 代表单位体积可燃气体在单位时间内反应放出的热量，简称放热速率；q_L 代表可燃混气在单位体积、单位时间内向环境散发的热量，简称散热速率。谢苗诺夫指出：着火的本质取决于放热速率 q_G 与散热速率 q_L 的相互关系及随温度增长的性质。分析 q_G 和 q_L 随温度的变化，就可以看出系统的着火特点，并可导出着火的临界条件。图 5-2 中给出 q_G 和 q_L 随温度变化的曲线，从图上讨论着火条件，比从方程上讨论更形象直观。为分析简单起见，前文反应速率 w_{s} 表达式中指数项前温度项的影响可忽略不计 (它与指数项相比，影响确实很小)，因此放热速率与温度成指数关系变化，而散热速率与温度成直线关系变化。当压力 (或浓度) 不同时，则得到一组放热曲线；当改变 T_{∞} 时，则得到一组平行的散热曲线；同样，当 $\dfrac{h \cdot s}{V}$ 改变时，则得到一组不同斜率的散热曲线。

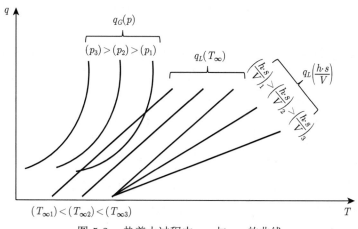

图 5-2　热着火过程中 q_G 与 q_L 的曲线

显然，q_G 和 q_L 两线之间存在相交、相离及相切三种不同的工况，如图 5-3 所示。从相交于两点的工况到相离的工况中间必然要经过相切于一点的工况，反之亦然，因此相切的工况是相交与相离两者之间的临界工况，现对三种不同工况作进一步分析。

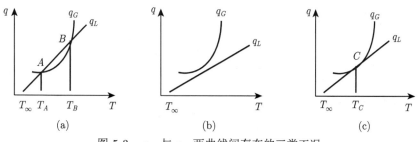

图 5-3　q_G 与 q_L 两曲线间存在的三类工况

图 5-3(a) 为 q_G 和 q_L 相交于 A、B 两点的工况。如图所示，反应开始时混气与环境温度均为 T_∞，此时 $q_G > q_L$，混气温度会因此而升高，q_G 与 q_L 也会随之升高，因此时的混气温度还很低，q_G 的增长不明显，而 q_L 增长显著，当混气温度达到 T_A 时，$q_G = q_L$，即系统达到热平衡，显然在热平衡被破坏前混气温度将不再升高。假如平衡被某个偶然的因素破坏，使得混气温度大于 T_A，此时 $q_G < q_L$，混气温度必然会下降并回到 T_A，重新达到平衡，同样，当平衡被破坏时混气温度小于 T_A，此时 $q_G > q_L$，混气温将升高并回到 T_A，也会重新达到平衡。这表明平衡点 A 是一个稳定的平衡点，它不会自发地被打破，也就是说这种工况下，混气只能缓慢地进行氧化反应，不会自发完成着火过程。B 点是此工况下另一个热平衡点，通过分析不难发现，B 点是不稳定的平衡点，如果平衡被破坏，比如现在混气温度略小于 T_B，则 $q_G < q_L$，即散热将占主导，混气温度将会持续下降，直到到达平衡点 A。如果开始 B 点平衡被破坏时混气温度略高于 T_B，此时 $q_G > q_L$，反应放热占主导，混气温度将持续升高，直到着火。可见平衡点 B 是有着火的可能的，但是系统从平衡点 A 是不可能自发地发展到平衡点 B 的，因此热自燃在这种工况下是不可能实现的。

图 5-3(b) 为 q_G 和 q_L 相离的工况。如图所示，从初始温度开始，始终有 $q_G > q_L$，因此混气温度将不断提升，直至着火。此工况下系统状态始终是不稳定的 (没有平衡态)，而且热自燃也一定能够实现。

图 5-3(c) 为 q_G 和 q_L 相切于一点 C 的工况。这是介于图 5-3(a) 和 (b) 两者之间的工况，它具有临界工况的特征。切点 C 是此工况下唯一的平衡态，同时它也是一个非稳定的平衡态，与图 5-3(a) 中的 B 点不同，因为图 5-3(c) 工况下始终有 $q_G \geqslant q_L$，所以 C 点的平衡被破坏后混气状态变化最终方向一定是着火，即使 C 点平衡被破坏后混气温度向下脉动后，也会因为 $q_G > q_L$ 而回到平衡态，而一旦混气温度向上脉动到大于 T_C，混气温度将持续升高，直至着火。从图 5-3(c) 不难看出，在 q_G 和 q_L 相切的工况下，混气初始温度 T_∞ 略有下降，或 q_L 线的斜率 $\dfrac{h \cdot s}{V}$ 略有增加，则 q_G 和 q_L 两线相切于一点的工况就会变为两线相交于两点的工况，反之会变为两线相离的工况，因为前者对应于维持缓慢反应工况，后者对应于无法维持缓慢反应并向着火发展的工况，由此可见 q_G 和 q_L 两线相切是不能着火与能够着火的临界工况，形成这种临界工况的初始条件称为着火的临界条件，或着火条件。切点 C 的温度 T_C 称为着火温度。如将 C 点的临界条件用数学形式来表示，则得到着火的一般条件。在切点 C 处反应的放热速率与向环境介质的散热速率相等，即

$$q_G |_{T_C} = q_L |_{T_C} \tag{5-3}$$

且放热速率与散热速率对温度的导数值相等，则有

$$\frac{\mathrm{d} q_G}{\mathrm{d} T} \bigg|_{T_C} = \frac{\mathrm{d} q_L}{\mathrm{d} T} \bigg|_{T_C} \tag{5-4}$$

将 q_G 和 q_L 代入式 (5-3) 和式 (5-4)，则有

$$Q w_s = \frac{hs}{V} (T_C - T_\infty) \tag{5-5}$$

及

$$\frac{E}{RT_C^2}Qw_s = \frac{hs}{V} \tag{5-6}$$

两式相除，则

$$T_C - T_\infty = \frac{RT_C^2}{E} \tag{5-7}$$

解 T_C 二次方程，得

$$T_C = \frac{E}{2R}\left(1 \pm \sqrt{1 - \frac{4RT_\infty}{E}}\right) \tag{5-8}$$

由上式可知，T_C 有两个解，根号前取负号的解符合实际状况。如果取正号，则 $T_C > \dfrac{E}{2R}$（约为 10000K），事实上，可燃混气的火焰温度一般都低于 3500K，不可能有这么高的着火温度。

通常情况下，T_∞ 为 500 ~ 1000K，$E = (1 \sim 4) \times 10^5$ J/mol，故 $\dfrac{RT_\infty}{E}$ 值很小，一般不超过 0.05，所以将式 (5-8) 按二项式定理展开，略去高次项，则有

$$\left(1 - \frac{4RT_\infty}{E}\right)^{1/2} \approx 1 - \frac{2RT_\infty}{E} - 2\left(\frac{RT_\infty}{E}\right)^2 \tag{5-9}$$

代入式 (5-8)，则

$$T_C = T_\infty + \frac{RT_\infty^2}{E}$$

或

$$\Delta T_C = T_C - T_\infty = \frac{RT_\infty^2}{E} \tag{5-10}$$

ΔT_C 的物理意义是：可燃混气的温度如果比器壁温度高，且 $\Delta T_C > \dfrac{RT_\infty^2}{E}$，将发生热自燃；$\Delta T_C < \dfrac{RT_\infty^2}{E}$，则不会引起热自燃。

例如，多数烃类燃料与空气组成的可燃混气，其活化能 $E = 100 \sim 240$ kJ/mol，表 5-1 是根据式 (5-10) 计算出的 ΔT_C 值。可见，T_C 与 T_∞ 相差并不大，在近似处理时，可取 $T_C \approx T_\infty$。

表 5-1　烃类燃料的着火温度

T_∞/K	E/(kJ/mol)	ΔT_C/K	$\Delta T_C/T_\infty$
700	125	33	0.047
	250	16	0.023

由于 $T_C \approx T_\infty$，故将式 (5-6) 改写为

$$\frac{E}{RT_\infty^2}Qw_s = \frac{hs}{V}$$

或

$$\frac{EV}{RT_\infty^2 hs}Qw_\text{s} = 1 \tag{5-11}$$

对于直径为 d 的球形容器，有

$$\frac{s}{V} = \frac{\pi d^2}{\dfrac{\pi d^3}{6}} = \frac{6}{d} \tag{5-12}$$

因此，球形容器的着火条件为

$$\frac{1}{6}\frac{Ed}{hRT_\infty^2}Qw_\text{s} = 1 \tag{5-13}$$

如果容器与环境的换热以导热的形式进行，此时，假设努塞尔数 $Nu = \dfrac{hd}{\lambda} = 2$，代入式 (5-13)，得

$$\frac{E}{RT_\infty^2}Qw_\text{s} = \frac{12\lambda}{d^2} \tag{5-14}$$

由此可见，着火温度和着火条件都是包含化学动力学因素和流体力学因素在内的综合函数。用实验装置测量燃料的着火温度时，应考虑影响的综合因素，否则实验测量值的误差会很大。

5.1.3　谢苗诺夫方程和着火界限

在着火之前，混气的化学反应速率进行得很慢，反应物的成分变化很小，可以忽略不计。对于二级反应，反应速率可用下式表示：

$$w_\text{s} = k_{0\text{s}}x_A x_B \left(\frac{p}{RT_\infty}\right)^2 \exp\left(-\frac{E}{RT}\right)$$

其中，x_A、x_B 分别代表燃气与氧化剂的摩尔分数。相应的着火条件式 (5-11) 可表示为

$$\frac{EVp_C^2}{R^3 T_\infty^4 hs}Qk_{0\text{s}}x_A x_B \exp\left(-\frac{E}{RT_\infty}\right) = 1 \tag{5-15}$$

其中，p_C 为相应的临界压力。如果组分保持不变，则着火温度 $T_C(T_\infty)$ 与临界压力 p_C 的关系如图 5-4 所示。曲线上方为自发着火区，曲线下方为非着火区，因此该曲线为着火界限。

对式 (5-15) 取对数，则

$$\ln\frac{p_C}{T_C^2} = \ln\left(\frac{hsR^3}{QVk_{0\text{s}}x_A x_B E}\right)^{1/2} + \frac{E}{2R}\frac{1}{T_C} \tag{5-16}$$

式 (5-16) 就是谢苗诺夫方程。以纵轴表示 $\ln(p_C/T_C^2)$，横轴表示 $1/T_C$，则得到一条直线，斜率为 $E/(2R)$，如图 5-5 所示，这提供了测定简单放热反应活化能的方法。用这种方法测

得的活化能如与 Arrhenius 方程测得的活化能相同, 则表明谢苗诺夫的热着火理论基本上是正确的。

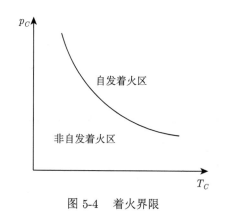

图 5-4　着火界限

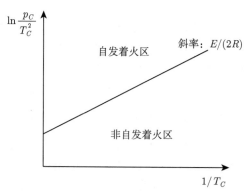

图 5-5　临界压力 p_C 与着火温度 T_C 的关系

不过, 在推导谢苗诺夫方程时, 忽略了容器中混气成分与温度分布的不均匀性, 以及着火前混气成分的变化, 并将导热系数看作常数。由于这些假设的存在, 方程也必然存在一定误差。但对高温着火, 热自燃理论还是相当合理的, 定量估算也有一定的参考价值。对低温着火和冷焰现象, 热着火理论就不能圆满解释了, 这些现象与链式反应机理相关。

关于着火界限, 可假定 p_C 为常数, 得出着火温度与组分关系曲线, 还可假定温度 T_∞ 为常数, 建立临界压力 p_C 与混气当量比 ϕ 的关系, 如图 5-6 所示, 并称之为着火贫富燃 (油) 界限 (极限)。

这些图形均呈 U 字形状, 在 U 字形内的条件导致着火, 而在 U 字形外的条件则不能导致着火, 从图中还可看出以下特点:

(1) 图中存在着火浓度的下限 (贫燃限) 和上限 (富燃限), 如果混气 "太贫" 或 "太富", 则不论温度多高都不会着火。亦即高于或低于临界浓度时, 着火是不可能发生的, 这个临界燃料浓度就称为着火的下限和上限。

(2) 当温度降低时, 下限和上限靠近, 着火范围变窄。

(3) 当着火温度很低时, 燃料的任何组成都不能着火。

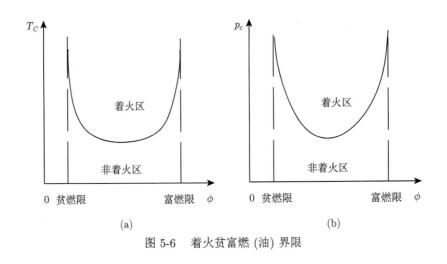

图 5-6　着火贫富燃 (油) 界限

5.1.4　着火感应期

　　着火感应期 (或称着火延迟或诱导期) 的直观意义是指混气由开始发生反应到火焰出现的一段时间。为了便于进行理论和实验比较，可以给着火延迟下一个更明确的定义：着火延迟是当混气系统已达着火条件的情况下，由初始状态达到温度开始骤升的瞬间所需的时间。这里温度骤升状态相当于图 5-3 中 $T = T_C$ 的状态，这时温升由减速变成加速，即由 $\dfrac{\mathrm{d}^2 T}{\mathrm{d} t^2} < 0$ 变成 $\dfrac{\mathrm{d}^2 T}{\mathrm{d} t^2} > 0$。根据能量方程式 (5-1) 和散热曲线及放热曲线 (图 5-2)，可以定性地画出相当于不同初始温度下的混气温度随时间变化的曲线，如图 5-7 所示，不难看出，即使在 $T_\infty > T_{\infty,C}$ (临界状态对应的初始温度) 的情况下，即初始条件比着火临界条件更有利的情况下，混气温度也不会立即骤然上升，仍然要经历一个温升减速阶段，只是这时最低的温升速率 $(\mathrm{d}^2 T / \mathrm{d} t^2)_{\mathrm{min}}$ 大于零而已。因此仍然存在着火延迟。着火延迟随初始温度变化的大致状况是：在 $T_\infty < T_{\infty,C}$ 时，$\tau_\mathrm{i} = \infty$；在 $T_\infty = T_{\infty,C}$ 时，τ_i 取得一个最大的有限值；随 T_∞ 的继续升高，τ_i 将不断缩短，但不为零。

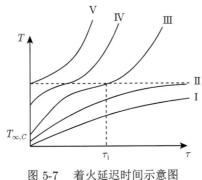

图 5-7　着火延迟时间示意图

　　下边来推导着火感应期的表达式。假设在着火感应期内反应物的浓度由初始浓度 Y_∞ 变为相应于着火温度 T_C 下的浓度 Y_C，则混气着火延迟近似定义为

$$\tau_{i} = \frac{\rho_{\infty}(Y_{\infty} - Y_{C})}{w_{s\infty}} \tag{5-17}$$

式中，$w_{s\infty} = k_{0s}(\rho_{\infty}Y_{\infty})^{n}e^{-\frac{E}{RT_{\infty}}} = k_{0s}\rho_{s}^{n}e^{-\frac{E}{RT_{\infty}}}$，这里 $Y_{\infty} = 1$，n 为反应级数。

因为

$$Y_{C} = Y_{\infty}\frac{T_{m} - T_{C}}{T_{m} - T_{\infty}}$$

所以

$$Y_{\infty} - Y_{C} = Y_{\infty}\frac{T_{C} - T_{\infty}}{T_{m} - T_{\infty}} = \frac{T_{C} - T_{\infty}}{T_{m} - T_{\infty}}$$

又

$$\Delta T_{C} = T_{C} - T_{\infty} = \frac{RT_{\infty}^{2}}{E}$$

$$T_{m} - T_{\infty} = \frac{Q_{s}}{C_{V}}$$

将以上各式代入 (5-17) 就得着火延迟：

$$\tau_{i} = \frac{C_{V}\rho_{\infty}}{Q_{s}w_{s\infty}}\frac{RT_{\infty}^{2}}{E} = \frac{C_{V}RT_{\infty}^{2}}{EQ_{s}k_{0s}\rho_{\infty}^{n-1}\exp\left(-\dfrac{E}{RT_{\infty}}\right)} \tag{5-18}$$

从式 (5-18) 可知，当环境温度 (只考虑指数项)、压力下降 ($p \sim \rho$) 时，着火的感应期将增加。感应期增加对发动机燃烧室的起动不利，尤其在高空熄火后的再点火，高空温度低、压力低，感应期增加，再加上发动机处于风车状态，使着火困难，燃料大量堆积在燃烧室，一旦着火对燃烧室造成很大的热冲击，对发动机工作有很大影响，这是应避免的。

5.2 着火、熄火过程与 S 曲线

在前面着火过程分析中，谢苗诺夫仅根据放热曲线与散热曲线的关系就获得了着火的临界条件，无需考虑导致着火的瞬态过程，同样这种方法也可应用于熄火分析。下面我们将通过对朗格威尔 (Longwell) 均匀搅拌反应器运行分析来确定着火、熄火过程临界条件以及着火与熄火的关系。

5.2.1 朗格威尔均匀搅拌反应器着火、熄火分析

朗格威尔均匀搅拌反应器工作原理如图 5-8 所示。燃料与氧化剂通过若干个喷嘴高速喷入燃烧室，射流产生的高强度湍流使燃料与氧化剂瞬间充分混合，并形成均匀稳定的燃烧环境，燃烧产物通过出口排出。显然，均匀搅拌反应器内的反应程度与强度取决于混气的反应性与混气在燃烧室内的驻留时间。

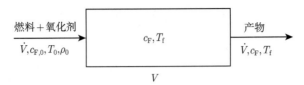

图 5-8　朗格威尔均匀搅拌反应器模型

假定反应器在一个给定的体积流率 $\dot{V}$ 的状态下稳定运行，根据能量守恒的原理，有

$$\dot{V}\rho_0 c_{\mathrm{p}}\left(T_{\mathrm{f}}-T_0\right)=VQ_{\mathrm{c}}Bc_{\mathrm{F}}\mathrm{e}^{-T_{\mathrm{a}}/T_{\mathrm{f}}} \tag{5-19}$$

式中，V 为反应器容积；T_0、$c_{\mathrm{F,0}}$ (图 5-8) 为混气初始温度与浓度；T_{f}、c_{F} 分别为反应器内的燃烧温度与反应物浓度；T_{a} 为活化温度 $(T_{\mathrm{a}}=E/R)$；B 为反应动力学常数，并假定反应级数为一级。为了使分析结果更具有普遍意义，将式 (5-19) 无纲量化，得

$$\tilde{T}_{\mathrm{f}}-\tilde{T}_0=Da_{\mathrm{C}}\left(\tilde{T}_{\mathrm{ad}}-\tilde{T}_{\mathrm{f}}\right)\mathrm{e}^{-\tilde{T}_{\mathrm{a}}/\tilde{T}_{\mathrm{f}}} \tag{5-20}$$

这里 $\tilde{T}=(c_{\mathrm{p}}/Q_{\mathrm{c}}c_{\mathrm{F,0}})T$，$\tilde{c}_{\mathrm{F}}=c_{\mathrm{F}}/c_{\mathrm{F,0}}$，显然 $\tilde{T}-\tilde{T}_0=1-\tilde{c}_{\mathrm{F}}$。另外，$\tilde{T}_{\mathrm{ad}}$ 为无量纲绝热火焰温度，且有 $\tilde{T}_{\mathrm{ad}}-\tilde{T}_{\mathrm{f}}\equiv\tilde{c}_{\mathrm{F}}$，$\tilde{T}_{\mathrm{ad}}=1+\tilde{T}_0$。$Da_{\mathrm{C}}$ 称为碰撞邓克尔数，是代表反应器内反应状况的准则参数，有

$$Da_{\mathrm{C}}=\frac{B}{\dot{V}/V}=\frac{V/\dot{V}}{1/B}=\frac{流动特征时间}{碰撞特征时间} \tag{5-21}$$

方程 (5-20) 代表了反应器内反应热释放率与对流热输运率之间的平衡，显然 Da_{C} 增大会促进反应，Da_{C} 减小会抑制反应。这里将 $Da_{\mathrm{C}}^{-1}\left(\tilde{T}_{\mathrm{f}}-\tilde{T}_0\right)$ 定义为散热项，$c_{\mathrm{F}}\mathrm{e}^{-\tilde{T}_{\mathrm{a}}/\tilde{T}_{\mathrm{f}}}$ 定义为生热项，方程 (5-20) 解的特性取决于生热曲线与散热曲线之间的关系，如图 5-9 所示。图中生热项保持不变，散热项则通过改变 Da_{C}^{-1} 来改变对流换热强度，由此得到一系列的代表散热变化的直线。图 5-9 中的生热曲线与图 5-2 有所不同，这里生热率虽然开始时随 $\tilde{T}_{\mathrm{f}}$ 增大而增大，但随着反应的进行，反应器内混气浓度迅速下降，生热率也随之迅速下降。当 $c_{\mathrm{F}}\to 0$ 时，生热率也会减小为 0。

图 5-9 中直线 1 代表流动快、Da_{C} 相对较小的极端工况。此时生热曲线与散热曲线的交点对应于反应温度低、反应弱以及反应物消耗非常少的工况。直线 2 则是另一个极端工况，它代表了流动慢、Da_{C} 相对较高的工况，此时生热曲线与散热曲线的交点代表了反应温度高、反应剧烈以及接近完全反应态的工况。

Da_{C} 取中间值时，对应于直线 3，此时生热曲线与散热曲线有三个交点，其中中间的交点是不稳定状态，另外两个交点则分别代表稳定的弱反应态与强反应态 (即燃烧态)。图 5-9 中还存在两个临界状态，即与生热曲线相切的散热曲线 I 与 E。I 代表着火临界状态，用 $Da_{\mathrm{C},I}$ 表示对应的着火邓克尔数。E 代表熄火临界状态，用 $Da_{\mathrm{C},E}$ 表示对应的熄火邓克尔数。显然，当 $Da_{\mathrm{C}}<Da_{\mathrm{C},E}$ 时，着火是不可能的，当 $Da_{\mathrm{C}}>Da_{\mathrm{C},I}$ 时，熄火是不可能的。如果要从稳定的低温反应工况 1(直线 1) 达到着火状态，则必须跨过熄火临界状态

E，而从稳定的燃烧工况 2 达到熄火状态，则必须跨过着火临界状态 I。这种现象称为着火、熄火过程的滞后现象。

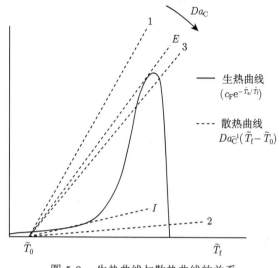

图 5-9　生热曲线与散热曲线的关系

5.2.2　着火与熄火的 S 曲线

如果将图 5-9 中所有可能的工况都画到同一幅图上，则可以更清晰地表达着火与熄火的临界特性。图 5-10 以反应温度或燃烧速率为纵坐标，以邓克尔数为横坐标，将生热曲线与散热曲线所有交点拟合成一条曲线，这是一条规则的、折叠的 S 形曲线。S 曲线与图 5-9 所有状态相对应，它包括三个分段，分别为反应温度非常低的弱反应段，反应温度或燃烧速率非常高的强反应段，以及连接于两者之间的中间段。弱反应段从 $Da = 0$ 的状态点开始，这一点实际上对应于化学冻结流，比如液滴纯蒸发过程。沿着弱反应段曲线不断提高 Da，反应温度会非常缓慢地增长。这是因为弱反应段对应的 Da 还很低，因此反应速率也

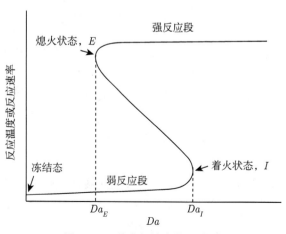

图 5-10　着火与熄火的 S 曲线

就很低。弱反应段线涵盖了系统所有可能出现的近似于冻结的低反应速率状态。当 Da 到达 Da_I 时，代表系统反应性的参数 Da 哪怕发生非常微小的增长，都将使得代表反应强度的量 T_f 发生非常巨大的增长，这表明 Da_I 点具有临界特征，当 Da 达到这点时，低反应态将无法维持，数学上表现为方程的低温解不存在，系统随后跳入强反应段。强反应段对应的 Da 较高，反应速率较快，因此它代表了系统所有可能的高强度燃烧态。由此可见，将 I 点视为着火点、Da_I 视为着火邓克尔数是非常合理的。

沿着强反应段线进一步提高 Da，当 $Da \to \infty$ 时，我们将获得反应面模型，此时反应区将是没有厚度的几何面。当沿强反应段线逐渐降低 Da 时，系统将在 E 点再次跳回到近似冻结的低反应段区，显然，E 点与 I 点具有相似的临界特征，但状态变化的方向刚好相反，因此 E 点代表熄火点、Da_E 代表熄火邓克尔数。

从物理层面来看，S 线上的转折点代表在这些状态上化学反应速率无法与稳定的热输运平衡。对于弱反应段，Da_I 之上意味着反应区内反应热生成太快，从而无法以一种稳定状态将热量传输出去。同样对于强反应段，有限的 Da 值 (不是无穷大) 表示在反应区内的有限的停留时间内不可能将全部可用的化学能释放出来，当从火焰中损失的热量超过维持燃烧所需时，熄火现象就会出现。

由图 5-10 可知，对于 $Da > Da_I$ 以及 $Da < Da_E$，一个给定的 Da 对应于一个确定的反应温度或反应速率，也就是说解是唯一的。但是当 $Da_E < Da < Da_I$ 时，存在三个可能的解，其中位于中间段的解表现为 Da 增大而反应速率下降的趋势，这显然是不稳定的解，在物理上也是没有意义的。此外，$Da_E < Da_I$，即系统的熄火滞后现象。

根据朗格威尔模型，结合临界邓克尔数 Da_C，很容易确定着火与熄火的临界状态。如图 5-10 所示，着火与熄火的临界拐点即 S 曲线上的垂直切点，数学上表示成

$$\left(\frac{\mathrm{d}\ln Da_C}{\mathrm{d}\tilde{T}_f} \right)_{cr} = 0 \tag{5-22}$$

式中，下标 "cr" 代表临界点。将式 (5-22) 代入式 (5-20)，得

$$\frac{1}{\tilde{T}_{f,cr} - \tilde{T}_0} + \frac{1}{\tilde{T}_{ad} - \tilde{T}_{f,cr}} = \frac{\tilde{T}_a}{\tilde{T}_{f,cr}^2} \tag{5-23}$$

上边方程中左边第一项代表热传导的影响，第二项代表反应物浓度变化的影响。方程 (5-23) 很好地反映了着火与熄火状态的特性。对于着火而言，$\tilde{T}_{f,cr} = \tilde{T}_{f,I}$，且非常接近 $\tilde{T}_0$，此时方程 (5-23) 中左边第一项起主导作用，第二项可以忽略，由此可得

$$\tilde{T}_{f,I} \approx \tilde{T}_0 + \frac{\tilde{T}_0^2}{\tilde{T}_a} \tag{5-24}$$

将 $\tilde{T}_{f,I}$ 代入式 (5-20)，因为 $\tilde{T}_a/\tilde{T}_0 \ll 1$，应用多项式展开，同时注意到 $\tilde{T}_{ad} = 1 + \tilde{T}_0$，可获得着火邓克尔数：

$$Da_{C,I} = \mathrm{e}^{-1} \left(\frac{\tilde{T}_0^2}{\tilde{T}_a} \right) \mathrm{e}^{\tilde{T}_a/\tilde{T}_0} \tag{5-25}$$

同样对于熄火而言，$\tilde{T}_{f,cr} = \tilde{T}_{f,E}$，且非常接近 $\tilde{T}_{ad}$，此时方程 (5-23) 中左边第二项起主导作用，第一项可以忽略，由此可得

$$\tilde{T}_{f,E} \approx \tilde{T}_{ad} - \frac{\tilde{T}_{ad}^2}{\tilde{T}_a} \tag{5-26}$$

$$Da_{C,E} = \mathrm{e}\left(\frac{\tilde{T}_{ad}^2}{\tilde{T}_a}\right) \mathrm{e}^{\tilde{T}_a/\tilde{T}_{ad}} \tag{5-27}$$

上述结果表明着火过程受热损失的直接影响，而熄火过程受反应速率下降的程度及火焰温度的影响。

5.3　点 火 理 论

自燃和点燃的差别在于，自燃时混气的温度较高，化学反应和着火过程是在容器内的整个空间进行的。而点燃时，混气的温度较低，混气受到高温点火热源的热边界的加热，因而在边界附近的区域里 (即热边界层里) 混气的化学反应比较显著。如果化学反应产生的热量足够多，除了供边界层散热以外，还可以使边界层里的混气继续升温直到着火，则点火就可以实现。下面从炽热平板点火与电火花点火这两种点火方式入手，说明点燃的临界条件以及最小点火能量理论。

5.3.1　炽热平板点火

将炽热平板置于温度较低的可燃混气中，可燃混气流过平板时将在平板上方形成速度边界层与温度边界层。假设混气初始温度与速度为 T_0、u_0，炽热平板的温度为 T_s，这里 $T_0 < T_s$，且平板温度是恒定的，在不同的状况下，平板上方的温度分布变化如图 5-11 所示。首先，在 T_s 不高的情况下，此时平板对混气的加热没有引起混气明显的化学反应，平板上方混气温度变化与惰性气体流过平板时形成的边界层温度分布相同，且整个平板表面的温度梯度均为负值，如图 5-11(a)。其次，在 T_s 较高的情况下，此时混气在平板加热后有了明显的化学反应，同时释放出反应热，因此混气在平板上方的温度分布除了受到平板加热的影响，还会受到反应热的影响，图 5-11(b) 中显示了此时平板上方混气温度分布，图中实线与虚线之间的差值为反应热对混气附加的温升。在反应热的作用下，平板表面混气温度梯度沿流动方向不断提高，如果反应热足够大，平板的长度足够长，则平板表面温度梯度将由负值变为零，随后变为正值，如图 5-11(c) (d) 所示，此时在平板表面温度梯度等于零的后方不远处，一定会出现火焰，表明炽热平板点火成功。

当平板表面某个位置上出现温度梯度等于零，表明此时平板表面上方的混气不再接受平板的热量，反应热成为混气向外传热的热源，在此位置之后平板表面的温度梯度一定大于零，表明混气在向外传热的同时，还有剩余的热量对自身进行加热，导致反应加剧、放热量继续增加，最终导致着火。可见平板表面温度梯度等于零具有临界特征，可以看作炽热平板点火成功的临界工况，即

$$\left(\frac{\mathrm{d}T}{\mathrm{d}x}\right)_w = 0 \tag{5-28}$$

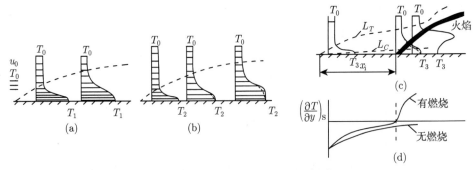

图 5-11　炽热平板点燃过程示意图

炽热平板上出现临界工况的距离 x_i 称为点火距离, 如果在平板整个长度上没有出现临界工况, 那么在平板外也一定不会出现临界工况, 所以炽热平板点火成功的条件为

$$x_i \leqslant L \tag{5-29}$$

式中, L 为炽热平板的长度。

在工程应用中, 热射流点火与炽热平板点火的状况类似。热射流点火的理论模型如图 5-12 所示, 图中 x_i 就是点火的距离, x_b 为射流核心的长度。如果热射流的温度不够高, 点火距离 x_i 会加长, 可能超过射流核心区长度, 这时混气就不能被点燃。因为超过射流核心区长度以后, 边界层的温度普遍降低, 热量不足以点燃混气, 因此 $x_i \leqslant x_p$ 是热射流点火的临界条件。理论和试验表明, 热射流的温度、混气性质和成分、混气流速等都会影响点火的距离。

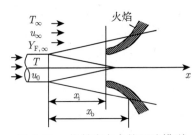

图 5-12　热射流点火的理论模型

5.3.2　电火花点火

用电火花点火是发动机燃烧室点火的基本方法。点燃混合气的过程是: 首先由电火花加热电火花附近的混气, 使局部混气着火 (此外电火花使混气分子电离, 产生大量的活性中间产物对混气的点燃也十分有利)。然后, 已着火的混气气团向未燃混气进行稳定的火焰传播。要使点火成功, 首先是电火花要有足够大的能量, 能点燃一定尺寸的混气 (即形成初始火球)。然后是这个有足够热量的火球, 能稳定地向外界传播而不熄灭。满足这两个条件, 点火才能成功。电火花点火实验表明, 电火花点燃混气需要一个最小的火花能量, 低于这个能量, 混气不能点燃。这一最小能量是随混气成分、性质、压力、温度和电极间距变化而变化。下面从电火花点燃静止混气过程, 来分析最小点火能量理论。

在静止混气中，电极间的火花使气体加热，假设电火花加热区为球形，球形火花的最高温度是混气的理论燃烧温度 T_m，从球心到球壁温度为均匀分布，并认为火花点燃混气完全是热的作用，混气燃烧为二级反应。与炽热平板点火成功临界工况一样，电火花点火成功的临界工况是在火焰厚度 δ 内形成由 T_m 到 T_0 的稳定温度分布，如图 5-13 所示，表示此时初始火球内的燃烧热恰好能满足其对外热扩散。若电火花加热的球形尺寸较大，它所点燃的混气较多，化学反应放热也多，而单位体积火球的表面积相对较小，因而容易满足向冷混气传热的要求，于是火焰向外传播并不断扩大。相反，若电火花加热的球形尺寸较小，它所点燃的混气较少，化学反应放热也少，而单位体积火球的表面积相对较大，因而不容易满足向冷混气传热的要求，于是火焰向外扩展困难。因此，为了保证点火成功，要求有一个最小的火球尺寸这个最小尺寸火球所对应的能量或点燃最小尺寸火球所需的能量就是最小点火能量。

如果电火花已经点燃了某个最小火球尺寸的混气，并形成了稳定的火焰传播，则在传播的开始瞬间必然满足火球内混气化学反应放出的热量等于火球表面向外导走的热量，即

$$\frac{4}{3}\pi r_{\min}^3 k_{0s} Q (\rho Y)^2 \exp\left(-\frac{E}{PT_m}\right) = 4\pi r_{\min}^2 \lambda \frac{\mathrm{d}T}{\mathrm{d}r} \tag{5-30}$$

式中，温度梯度可近似地表达为

$$\frac{\mathrm{d}T}{\mathrm{d}r} = \frac{T_m - T_0}{\delta} \tag{5-31}$$

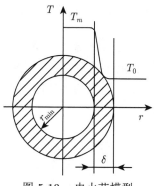

图 5-13 电火花模型

其中，δ 是火焰前锋宽度。若进一步假设焰锋宽度与最小火球半径成正比关系

$$\delta = K r_{\min} \tag{5-32}$$

其中，K 为比例系数，将式 (5-31)、式 (5-32) 代入式 (5-30) 可得

$$r_{\min} = \left[\frac{3\lambda(T_m - T_0)}{K k_{0s} Q \rho^2 Y^2 \exp\left(-\dfrac{E}{RT_m}\right)}\right]^{1/2} \tag{5-33}$$

假设电火花点燃混气时，火花附近的混气成分接近化学恰当比，则有

$$(T_m - T_0) = Q/C_\mathrm{p}$$

把上式代入式 (5-33) 则

$$r_{\min} = \left(3\lambda/Kk_{0s}C_\mathrm{p}\rho^2Y^2\exp\left(-\frac{E}{RT_m}\right)\right)^{1/2} \tag{5-34}$$

从式 (5-34) 看出，当混气的压力增加、理论燃烧温度增加、热传导系数减少时，最小火球尺寸减小。这一最小火球是用电火花点燃的，所需的电火花能量为

$$E_{\min} = k_1\frac{4}{3}\pi r_{\min}^3 C_\mathrm{p}\rho(T_m - T_0) \tag{5-35}$$

式中，k_1 是修正系数。实际上，电火花的最高温度达 6000℃ 以上，除了电火花的电离能以外，还有一部分能量以辐射、声波等形式消耗掉。为了修正电火花能量与点火热量的差别，引用了修正系数 k_1。把式 (5-34) 代入式 (5-35) 中，得出

$$E_{\min} = 常数\rho^{-2}\left(T_m - T_0\right)\exp\left(\frac{3E}{2RT_m}\right)$$

可写为

$$\ln\frac{E_{\min}}{T_m - T_0} = 常数 + 2\ln T_0 - 2\ln p_0 + \frac{3}{2}\frac{E}{RT_m} \tag{5-36}$$

上式建立了最小点火能量与环境压力和温度、物性参数及化学动力参数间的关系，如果给定了常数就可算出电火花点燃的最小能量，该常数可用实验方法测得。由式 (5-36) 还可看出，混气的压力增加、温度增加、混气的活化能减小或理论燃烧温度增加，都会减小最小点火能量。

习　题

5.1　热自燃着火临界条件与熄火临界条件是什么？两者之间有什么异同之处？

5.2　为什么发动机在高原及冬季起动困难？

5.3　什么是碰撞邓克尔数 Da_C？它的物理意义是什么？

5.4　什么是着火与熄火的 S 曲线？如何理解熄火滞后现象？它有什么现实意义？

5.5　炽热平板点火成功的临界条件是什么？它代表了什么物理含义？

第6章 液体燃料燃烧

液体燃料的燃烧可以概括为三种形式：液面燃烧、预蒸发燃烧和雾化燃烧。液面燃烧是液体燃料由液面蒸发，然后在液面上形成火焰；预蒸发燃烧是先由预加热器把液体燃料蒸发为气体，再通过喷嘴喷射到燃烧室，燃烧的是燃料蒸汽；雾化燃烧是通过雾化装置使液体燃料变成由小液滴组成的液雾后再燃烧。通常使用液体燃料的动力装置都是采用雾化燃烧方式，此时燃烧前燃油要经历三个物理过程，即雾化、蒸发和掺混。雾化过程是通过喷嘴将液体燃油变成液雾，以增大燃料的表面积，提高燃料与环境之间热量与质量的交换速率，加快蒸发、掺混及燃烧反应过程，提高燃烧性能。

本章重点讨论雾化燃烧过程。由于雾化质量对燃烧过程有重要影响，因此这里将首先讨论燃油雾化过程与机理。其次，由于油雾群是由许多尺寸不同的单滴油珠组成的，因此，掌握单滴油珠在高温环境中的蒸发与燃烧规律，是进一步研究油雾燃烧的重要基础，为此本章将着重讨论单滴油珠的蒸发与燃烧的有关问题。最后，本章还将从宏观上分析讨论油雾燃烧主要类型、特性及理论分析方法等。

6.1 燃 油 雾 化

6.1.1 燃油雾化机理

燃油雾化通常通过燃油喷嘴来实现，燃油在压差作用下以油膜或油柱的形式从喷嘴高速喷出，加强了液流与周围气体介质之间的相对运动，使得油膜或油柱失稳，并最终导致其破碎雾化形成液滴群。

图 6-1 为液柱射流的雾化过程，图 6-1(a) 为没有压差下的落体式滑流，此时液柱与周围空气的相对速度小，气流的作用小，但是液体的表面张力也会促使液柱失稳，最终在一段距离后破碎成液滴。图 6-1(b) 是在有压差下的射流，此时液柱射流的速度提高，液柱与空气相互作用加强，液柱失稳距离缩短，液柱在较短的距离内破碎成液滴。图 6-1(c) 进一步增大燃油的喷射压力，以提高液柱射流的速度，此时液柱开始来回甩动，破碎距离进一步缩短，而且形成的液滴数目明显增多，粒度也更细。总之，随着供油压力的增大，液柱

射流速度也增大，液柱与空气相互作用越强，雾化效果越好。

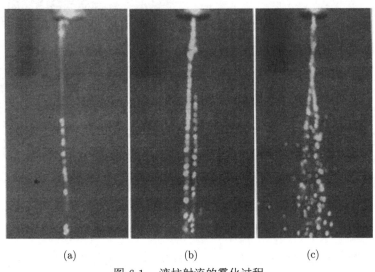

(a)　　　　　　　　　(b)　　　　　　　　　(c)

图 6-1　　液柱射流的雾化过程

当液流从喷口旋转喷射出来时，液流就会扩展成液体薄膜。与液柱相比，液膜增大了液流本身的表面积，也扩大了与空气的接触面积，如果再通过加大供油压力以增大液膜与周围空气的相对速度，就会大大加速雾化，并达到很好的雾化效果。图 6-2 为离心喷嘴喷射出的液膜射流的雾化过程。图 6-2(a)~(d) 分别对应了不同的供油压力。图 6-2(a) 对应的供油压力较低，此时液体旋转喷射出来的速度低，离心力也小，因此射流并没有完全展开，而是仍以液柱为主，在表面张力及惯性力的作用下，液柱形成波状，并在不断来回甩动中破碎成液滴。图 6-2(a) 雾化距离很长，且所形成的液滴尺寸很大。图 6-2(b) 对应的供油压力比图 6-2(a) 要大，此时旋转射流速度增大，在离心力作用下液流向外扩张，在喷嘴出口处形成空心锥形液膜，但是随后液流的惯性力下降，表面张力增大，并最终克服惯性力，使得锥形液膜收缩成一空心的液泡，而液泡的下游则形成扰动不稳定的液柱，进而破碎成液滴。与图 6-2(a) 相比，图 6-2(b) 雾化距离明显缩短，液滴尺寸也明显减小。图 6-2(c) 的供油压力及射流速度进一步提高，此时表面张力无法克服液面惯性扩张的趋势，液膜继续向外扩张，液膜则不断变薄，同时表面张力造成的表面位能越来越高，最终液膜失稳破裂成丝或带，并在表面张力作用下继续分裂成液滴。图 6-2(d) 对应于供油压力及射流速度很大的情况，此时气流对液膜的作用加大，液膜扭曲和起伏成波纹状，然后破裂成细丝后收缩成液滴。与前面几种状况相比，图 6-2(d) 雾化距离非常短，液滴也非常细，在喷嘴的出口几乎看不到油膜的长度，近似于射流出口即雾化。

从上述现象来看，燃油雾化过程通常是喷嘴射流形成液膜或液柱，然后在惯性力、表面张力、黏性力以及气动力共同作用下，破裂成丝或带，最后形成液滴。Dombroswshi 等对射流速度较高的雾化过程进行了物理描述，他们设想了平面液膜分解成液滴的物理模型，如图 6-3 所示。初始厚度为 h_0 的油膜在气流作用下波动并达到某个临界厚度 h^* 与某个临界波长 λ 时，液膜在 $\lambda/2$ 处断裂，断裂的液膜收缩成液柱，然后再分解、收缩成液滴，直径为 D。通常喷嘴射流速度较高，或者与周围空气的相对速度较大，其雾化过程十分复杂，目前还没有完善的理论来描述其雾化机理。

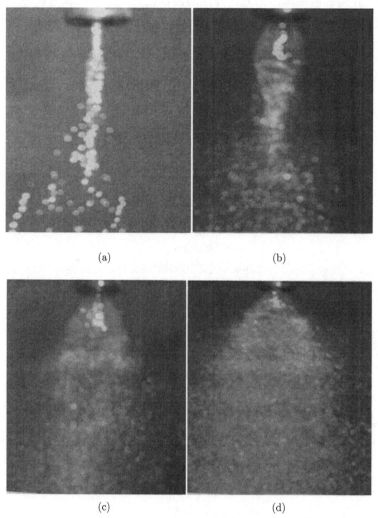

图 6-2　液膜射流的雾化过程

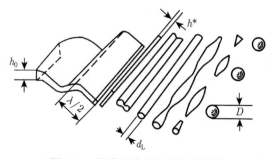

图 6-3　液流破碎过程的物理模型

如果将喷嘴射流经液柱或液膜的破碎过程称为初始雾化，那么运动中的液滴在气流作用下的进一步的破碎过程则称为二次雾化。液滴在气流中运动时受到气动力与表面张力的作用，气动力是作用在液滴表面的力，并压迫液滴使之变形，而表面张力则是液滴抱团收缩成球形的力，它将抵抗气动力给液滴带来的变形。图 6-4 为液滴受力结构图。

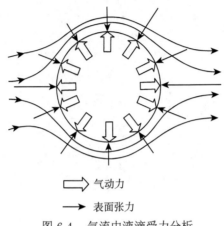

气动力

表面张力

图 6-4　气流中液滴受力分析

作用在直径为 d_0 的液滴上的气动力可表示为 $\frac{\pi}{4}d_0^2 \times \frac{1}{2}\rho_a v_a^2$，其中 ρ_a 为气体密度，v_a 为气液两相间的相对速度。作用在液滴上的表面张力可表示为 $\pi d_0 \sigma$，其中 σ 为表面张力系数。如果气动力与表面张力平衡，则有

$$\frac{\pi}{8}d_0^2 \rho_a v_a^2 = \pi d_0 \sigma \tag{6-1}$$

即 $\rho_a v_a^2 d_0/\sigma = 8$。

定义一个无量纲雾化准则参数，韦伯 (Weber) 数：

$$We = \frac{\rho_a v_a^2 d_0}{\sigma} \tag{6-2}$$

韦伯数的物理意义为作用在液滴表面上的气动力与表面张力之比。当 We 大于 8 时，气动力超过表面张力而可能使液滴破碎，显然 We 越大，液滴破碎的可能性也越大，有研究表明液滴破碎的临界 We 为 10.7~14，当 We 大于 14 时，液滴 100% 碎裂成雾化状态。

6.1.2　燃油雾化特征参数

燃油雾化之后将形成一个由大大小小液滴组成的液滴群，描述液滴群的状态以及评价雾化性能通常包括两个方面：细度与均匀度。细度由液滴群的平均直径来描述，而均匀度则通过液滴尺寸分布来描述。

1. 平均直径

平均直径最简单的计算方法是算术平均，即将所有液滴的直径相加后除以液滴的总数目。但是工程上很少应用算术平均直径，这是因为算术平均直径不能反映出燃油雾化的研究目的，事实上，燃油雾化是为了增加其表面积，加快燃油的蒸发速率，以加速燃烧进程，

因此，以液滴群的总表面积与总质量不变为等效原则，由此得出的平均直径就是工程上应用最为普遍的索特平均直径 (Sauter mean diameter，SMD)。

SMD 的确定须满足两项要求，即平均后的均匀液滴群与实际液滴群具有相同的：① 液体总质量；② 液体总表面积。与算术平均不同的是，索特平均不要求平均前后液滴的总数相同。根据上面两项要求可求得

$$\text{SMD} = \sum n_i D_i^3 \Big/ \sum n_i D_i^2 \tag{6-3}$$

由此可见，SMD 为实际液滴群的所有液滴直径的三次方之和除以直径的平方之和，SMD 也因此常表示为 d_{32}。SMD 是一种基于微分分布的平均直径，表 6-1 列出了其他类似的平均直径的定义及其应用方向。

表 6-1   基于微分分布的平均直径

平均直径符号	平均直径名称	表达式	应用
d_{10}	算术平均直径	$\sum n_i D_i \Big/ \sum n_i$	—
d_{20}	面积平均直径	$\left[\sum n_i D_i^2 \Big/ \sum n_i\right]^{1/2}$	表面积控制
d_{30}	体积平均直径	$\left[\sum n_i D_i^3 \Big/ \sum n_i\right]^{1/3}$	体积控制
d_{32}	索特平均直径	$\sum n_i D_i^3 \Big/ \sum n_i D_i^2$	传质、蒸发

除了上述平均直径定义外，还有基于积分分布的平均直径定义方法，其中具有代表性的就是质量中间直径 (mass medium diameter，MMD)，其物理意义是：大于和小于这个直径的液滴的质量 (或体积) 各占 50%。MMD 也常用 D_{50} 或 $d_{0.5}$ 表示。

2. 液滴尺寸分布

燃油雾化后的液滴尺寸相差很大，液滴尺寸分布描述的是每种尺寸的液滴各占多少，有微分分布与积分分布之分。

1) 微分分布

在直径范围 $D_i - \dfrac{\mathrm{d}(D_i)}{2} < D_i < D_i + \dfrac{\mathrm{d}(D_i)}{2}$ 内，液滴数量 (或质量) 的增量 $\mathrm{d}N$(或 $\mathrm{d}M$) 占总液滴数量 N_0(或质量 M_0) 的百分比为 $\dfrac{\mathrm{d}N}{N_0\mathrm{d}(D_i)}\left(\text{或} \dfrac{\mathrm{d}M}{M_0\mathrm{d}(D_i)}\right)$。

2) 积分分布

小于给定直径 D_i 的液滴数 N(或质量 M) 占液滴总数 N_0(或总质量 M_0) 的百分比为 N/N_0(或 M/M_0)。

图 6-5 给出典型的液雾微分分布与积分分布图。

除了要画出液滴尺寸分布图外，还需要给出滴径分布的数学表达式，最著名的表达式为 Rosin-Rammler 分布，即 R-R 分布，它是由磨煤机中磨得的煤粉的尺寸分布而得出的数学表达式：

$$R = 1 - \exp\left(-\frac{d}{\bar{d}}\right)^n \tag{6-4}$$

式中, R 为液滴直径小于 d 的液滴质量占液滴总质量的百分数；d 为与 R 相应的液滴直径；$\bar{d}$ 为对应于 $R = 0.632$ 的液滴特征直径，反映了液滴的细度；n 为分布指数，也称均匀指

数，体现了液滴分布的均匀性，此值越大液滴分布越均匀。图 6-6 给出不同分布指数下的 R-R 分布曲线。

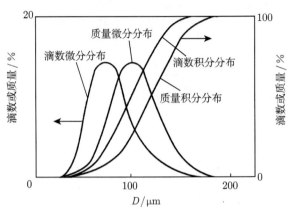

图 6-5   液雾的微分分布与积分分布图

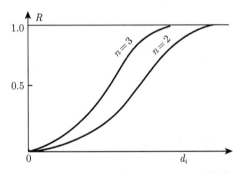

图 6-6   不同分布指数下的 R-R 分布曲线

6.1.3   喷嘴及其工作原理

根据雾化原理的不同，喷嘴可分为三类：① 压力雾化喷嘴，即依靠供油压力进行雾化的喷嘴，主要包括直射式喷嘴、离心式喷嘴及回流式喷嘴等；② 气动雾化喷嘴，即依靠气动力雾化的喷嘴，包括空气雾化喷嘴、气动喷嘴及气动辅助雾化喷嘴等；③ 旋转雾化喷嘴，即依靠雾化装置旋转使燃油雾化的喷嘴，包括甩油盘式喷嘴、旋转杯式喷嘴等。除了以上几种喷嘴外，还有一些比较特殊的喷嘴，如直接产生燃油蒸气的蒸发管式喷嘴、利用超声波雾化的超声波喷嘴等。下面介绍几种常见的喷嘴的工作原理。

1. 直射式喷嘴

直射式喷嘴也称为射流喷嘴，是指燃油在压力作用下直接经过一个或若干个小孔射出的雾化装置，如图 6-7 所示。高压燃油的压力能在喷出小孔时转化为动能，高速喷射到气流中并在气流作用下雾化。直射式喷嘴喷出的射流是液柱而不是液膜，因此雾化质量比较差，图 6-8 为直射式喷嘴雾化照片。为了提高雾化效果，直射式喷嘴的小孔的直径通常很小，一般在 1mm 以下，此时小孔射流速度较高，雾化质量也相应提高。此外，直射式喷嘴雾化射流的锥角比较小，一般只有 $15° \sim 20°$，表明单个小孔射出的燃油扩散区域比较窄，为了确保燃油能够分布到燃烧室的整个空间，直射式喷嘴往往由多个小孔组合而成。尽管直射式喷嘴的雾化质量不高，但其结构简单，在燃烧室内布置比较容易，因此在来流温度比较高、对雾化质量要求不高的燃烧系统中得到广泛应用，如航空发动机加力燃烧室、冲压发动机燃烧室等。

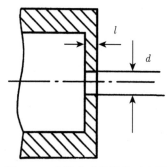

图 6-7　直射式喷嘴结构示意图

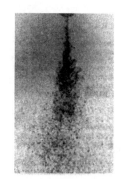

图 6-8　直射式喷嘴雾化照片

直射式喷嘴的流量计算公式如下：

$$M_1 = \mu A_{\mathrm{C}} \left(2\rho\Delta p\right)^{0.5} \tag{6-5}$$

式中，M_1 为燃油流量；A_{C} 为小孔面积；Δp 为喷口内外压差；ρ 为燃油密度；μ 为流量系数。一般小孔的长径比 $l/d = 0.5\sim1$ 时，$\mu = 0.6\sim0.65$；$l/d = 2 \sim3$ 时，$\mu = 0.75 \sim 0.85$。

2. 离心式喷嘴

离心式喷嘴属于压力雾化喷嘴，燃油在油压驱动下切向进入喷嘴内的旋流室，并产生旋转运动，最后又以旋转液膜的形式从喷口喷出。图 6-9 为离心式喷嘴旋流示意图。离开喷嘴后的液膜在离心力作用下呈锥形散开，并在与空气的相互作用下雾化成微小的油珠。离心式喷嘴的喷雾锥角较大，通常在 $90° \sim 120°$。图 6-10 给出了离心式喷嘴的雾化照片。

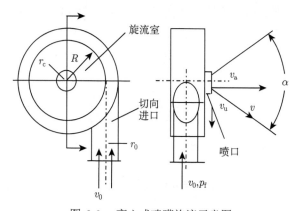

图 6-9　离心式喷嘴旋流示意图

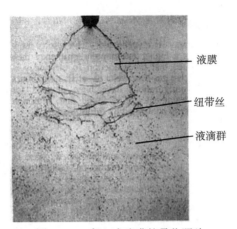

液膜

纽带丝

液滴群

图 6-10　离心式喷嘴的雾化照片

图 6-9 也给出了离心喷嘴的内部液体流动, 如图所示, 高压燃油以速度 v_0 经切向孔进入旋流室, 并在旋流室内一边旋转一边流向喷嘴出口。在喷嘴出口处燃油以速度 v 流出, $v = v_\mathrm{a} + v_\mathrm{u}$, 这里 v、v_a、v_u 为有方向的速度向量, v_a 为轴向速度, v_u 为切向速度, 因为燃油旋转过程中的径向速度很小, 这里被忽略。由于旋转运动, 燃油不能充满整个喷嘴内部空间, 在喷嘴内部的中心是没有燃油的空气涡, 因此在喷嘴出口燃油形成很薄的贴壁油膜。

假设燃油为理想流体, 燃油在喷嘴内旋转时应符合动量矩守恒:

$$v_\mathrm{u} r = v_0 R = 常数 \tag{6-6}$$

不计流体损失, 则伯努利方程可写为

$$p + \frac{\rho v_\mathrm{a}^2}{2} + \frac{\rho v_\mathrm{u}^2}{2} = P_\mathrm{f} = 常数 \tag{6-7}$$

式中, P_f 为供油压力。由式 (6-7) 可知, 燃油所具有的总压始终为常数, 又由式 (6-6) 可知, r 越小, 切向速度就越大, 而燃油的静压就会越小。当 $r \to 0$ 时 $v_\mathrm{u} \to \infty$, $p \to 0$, 当然这是不可能的, 喷嘴出口端面与周围空气相通, 燃油静压最低只能等于周围空气静压 p_0。所以, 喷嘴中心不可能充满液体, 液体只能在贴近喷口外壁的薄层中流过, 喷口中心是空气。由于旋转的燃油带动了空气, 所以中心的空气形成旋涡运动, 故称之为空气涡。

假定喷嘴喷口的半径为 r_c, 空气涡的半径为 r_m。喷口的实际有效面积与几何面积之比定义为有效截面系数:

$$\varepsilon = \frac{r_\mathrm{c}^2 - r_\mathrm{m}^2}{r_\mathrm{c}^2} = 1 - \frac{r_\mathrm{m}^2}{r_\mathrm{c}^2} \tag{6-8}$$

离心喷嘴流量可按下边的公式计算:

$$M_\mathrm{l} = \mu \pi r_\mathrm{c}^2 (2\rho \Delta p)^{0.5} \tag{6-9}$$

假设燃油为理想流体, 则根据伯努利方程、动量矩守恒方程、离心力与压力之间的平

衡关系以及连续性条件等关系式解得

$$\mu = \frac{1}{\left[\dfrac{A^2}{1-\varepsilon} - \left(\dfrac{1}{\varepsilon^2} \right) \right]^{\frac{1}{2}}} \tag{6-10}$$

式中，$A = Rr_c/(nr_0^2)$，它只与喷嘴的几何结构有关，称为喷嘴的几何特性参数，n 为喷嘴进口切向孔数。式 (6-10) 表明在 μ 与 A 的关系之间多了一个未知数 ε，因此还需要一个条件才能确定 μ 与 A 之间的关系。

对于任何一个离心喷嘴而言，空气涡半径过大或过小都会使喷嘴的流量变小。因为当空气涡半径过大时，喷嘴的有效截面减小，流量也减小，而当空气涡半径过小时，燃油的压力能中就会有更多份额转化为切向动能，轴向动能及轴向速度相应减小，导致流量减小。事实上，在一定的条件下，空气涡实际只有一个尺寸，大于或小于这个尺寸的空气涡是不稳定的，阿勃拉莫维奇认为空气涡稳定的半径正对应于使喷嘴流量达到最大值的那个尺寸，即最大流量原理，对应的流量系数 μ 取极大值，即

$$\mathrm{d}\mu/\mathrm{d}\varepsilon = 0$$

由此可求得

$$A = (1-\varepsilon)2^{1/2}/\varepsilon^{3/2} \tag{6-11}$$

$$\mu = [\varepsilon^3/(2-\varepsilon)] \tag{6-12}$$

同样也可以求得喷嘴的雾化锥角为

$$\sin\frac{\alpha}{2} = \frac{v_u}{v} = \frac{2\mu}{A(1+\sqrt{1-\varepsilon})} \tag{6-13}$$

由式 (6-11)~ 式 (6-13) 可知，离心喷嘴的流量系数 μ、喷雾锥角 α 以及有效截面系数 ε 均为几何特性参数 A 的单值函数，图 6-11 给出了这几个参数随 A 的变化规律。

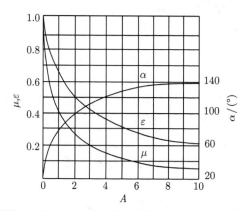

图 6-11　流量系数 μ、锥角 α、有效截面系数 ε 与喷嘴几何特性参数 A 的关系

　　离心式喷嘴是应用最普遍的喷嘴,广泛应用于燃烧液体燃料的动力系统及加热系统。离心式喷嘴的主要优点是具有良好的机械可靠性和在很弱的混合强度下维持燃烧的能力,缺点是燃油通道小,容易因燃油污染导致堵塞。此外,单油路离心式喷嘴还存在工作范围窄的问题,由喷嘴的流量公式可知,当喷嘴的几何尺寸确定后,离心喷嘴的流量与供油压差的平方根成正比,因此大流量将受到供油压力的限制,而小流量又会因为供油压力过小导致雾化效果变差。在航空燃气轮机上离心式喷嘴通常是采用双油路,它通过改变喷口的有效截面系数来加大喷嘴对流量的调节范围。

　　3. 空气雾化喷嘴

　　空气雾化喷嘴属于气动雾化喷嘴,是利用气流的动能雾化燃油,有预膜式和射流式之分。图 6-12 为预膜式空气雾化喷嘴结构,是典型涡扇发动机上的空气雾化喷嘴,为单油路双气路结构。如图所示,燃油经集油槽通过 6 个切向孔进入旋流室,旋转的燃油形成一层均匀的油膜,紧贴旋流室壁面旋转着向外运动,并在唇口处形成均匀的薄油膜。同时来自压气机的高压气流被分成两路,分别从内环与外环供入喷嘴。内环空气经中心锥体和旋流室之间的收敛型环形通道加速,流速高达 100~150m/s,高速空气通过剪切力带动油膜继续加速变薄。外环空气也通过收敛的环形通道加速,并被引到唇边喷出与内环空气掺混。在唇边处薄而均匀的油膜受到内外两侧高速气流的剪切作用,迅速破裂雾化形成油雾,并在内外空气的带动下均匀地送到燃烧室的头部空间。

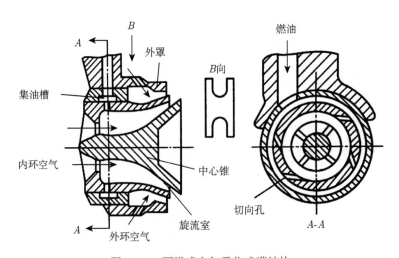

图 6-12　预膜式空气雾化喷嘴结构

　　图 6-13 为射流式空气雾化喷嘴的示意图。射流式空气雾化喷嘴通常是采用将直射式喷嘴置于某种气流通道中,并将燃油射流置于高速气流的作用下,靠气动力雾化,但是雾化效果不如预膜式空气雾化喷嘴。这是因为射流离开喷口后仍然密集在一起,以实心的液柱与周围介质相互作用,而不像预膜式空气雾化喷嘴展成薄膜,增大气液作用面,加强气流的作用以加速雾化。

　　空气雾化喷嘴利用高速气流的气动力雾化燃油,因此喷嘴的供油压力可以很低,一般低于 0.3MPa。空气雾化喷嘴雾化效果非常好,油雾的 SMD 很小,尺寸分布也比较均匀。

空气雾化喷嘴在现代燃气轮机中得到广泛的应用,优点是燃烧效率高,发烟和热辐射低,缺点是燃烧室贫油熄火边界较窄。

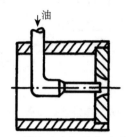

图 6-13　射流式空气雾化喷嘴示意图

4. 其他类型的常用喷嘴

旋转喷嘴及蒸发管式喷嘴也是常用的喷嘴。旋转喷嘴是在电机或涡轮带动下机械旋转,将燃油从杯形 (碟形) 或带孔盘型旋转装置中甩出去而产生雾化,通常机械旋转装置的转速很高,达到每分钟几万转。甩油盘式喷嘴是最常用的一种旋转喷嘴,如图 6-14 所示。燃油经发动机轴的中心流至轴端上一个空心供油盘,再经供油盘的圆周边开有的若干小孔中甩出。由于发动机转速很高,动能很大,燃油受到离心力的作用,因此雾化很好。甩油盘式喷嘴广泛应用于高转速的小型航空发动机,燃油从轴中心流过时对高速旋转的轴有冷却作用,同时使燃油也得到预热,这对雾化、蒸发以及燃烧组织均有利。

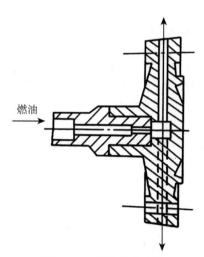

图 6-14　甩油盘式喷嘴

图 6-15 为蒸发管式喷嘴示意图。如图所示,燃油首先喷入高温蒸发管内,迅速吸热并蒸发成燃油蒸气,与同时进入蒸发管内的少量空气混合成富油混气,然后从蒸发管中喷出,与主流空气掺混后进入燃烧室的主燃区燃烧。蒸发管式喷嘴的优点在于燃油与空气预混、预蒸发,不需要高供油压力,且燃烧性能和温度分布比较稳定。缺点是稳定燃烧范围窄,以及蒸发管在高压高热下容易损坏。

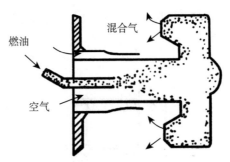

图 6-15　蒸发管式喷嘴示意图

6.2　油珠的蒸发与燃烧

6.2.1　蒸发或燃烧时的油珠温度

油珠在高温环境中蒸发或燃烧时，通过辐射和对流接收外部热量，温度逐渐上升，由于燃油本身的导热系数不是无限大，因此在开始阶段油珠表面温度总是高于核心温度，随后共同趋向于某一恒定值 T_{wb}，这个温度称为蒸发平衡温度或湿球温度。在此温度下，油珠从外部吸收的热量与油珠汽化所消耗的潜热相等，达到了能量平衡。当油珠在高温环境中蒸发或燃烧时，湿球温度接近于燃油的沸点，粗略计算时，可取两者相等。此外，油珠内部的温度分布对蒸发过程的影响不大。因此在计算时，常假定油珠内部温度是均匀的。这种情况相当于燃油导热系数为无限大。

6.2.2　油珠蒸发或燃烧时的斯特藩流

假定单滴油珠在静止高温空气中蒸发，则油珠周围的气体将是由空气和燃油蒸气组成的混合物，其浓度分布是球对称的，图 6-16 表示浓度的变化趋势，其中 Y_a 和 Y_f 分别表示空气和燃油蒸气的质量百分数，注脚 s 表示油珠表面。可见，燃油蒸气浓度在油珠表面最高。随着半径增大，浓度逐渐减小，直至无穷远处，$Y_{f\infty}=0$。对于空气，浓度的变化正好相反，在无限远处，$Y_{a\infty}=1$，并逐渐减小到油珠表面的值 Y_{as}。显然，在任意半径处，有 $Y_a + Y_f = 1$。

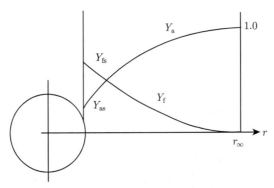

图 6-16　单滴油珠周围浓度分布

浓度差的存在必然导致质量扩散。根据菲克定律，质量扩散通量正比于浓度梯度，故有

$$\dot{m}_f = -\rho D \frac{\mathrm{d}Y_f}{\mathrm{d}r}$$

$$\dot{m}_a = -\rho D \frac{\mathrm{d}Y_a}{\mathrm{d}r}$$

(6-14)

其中，ρ 和 D 分别表示气相密度和分子扩散系数。

可见，浓度梯度的存在，使燃油蒸气不断地从油珠表面向外扩散；相反地，空气则从外部环境不断地向油珠表面扩散。在油珠表面，空气分子继续向油珠内部扩散，但空气不溶于燃油，也就是说空气不可能进入油珠内部。因此，为平衡空气的扩散趋势，必然会产生一个反向的流动。若这个反向流动的速度为 v_s(指油珠表面上)，则由质量平衡应有

$$\pi d_s^2 \rho v_s Y_{as} - \pi d_s^2 \rho D \frac{\mathrm{d}Y_a}{\mathrm{d}r}\bigg|_s = 0$$

(6-15)

也就是说，在油珠表面上向油珠扩散的空气质量正好被向外流动的空气质量所抵消，因此净空气流通量为零。

上述在油珠表面以速度 v_s 所表征的流动即斯特藩流，这是以油珠中心为源的"点泉"流。因此就有

$$\pi d_s^2 \rho v_s Y_{as} = \pi d^2 \rho v Y_a$$

(6-16)

或

$$d^2 \rho v Y_a = 常数$$

式 (6-15) 也可以写成对任何半径上都适用的形式，即

$$\pi d^2 \rho v Y_a - \pi d^2 \rho D \frac{\mathrm{d}Y_a}{\mathrm{d}r} = 0$$

(6-17)

上式表明，在蒸发液滴外围的任一对称球面上，由斯特藩流引起的空气质量迁移正好与分子扩散引起的空气质量迁移相抵消，因此空气的总质量迁移为 0。

6.2.3 高温环境中相对静止油珠的蒸发速率

单位时间内从油珠表面蒸发的液体质量，通过斯特藩流动和分子扩散两种方式将燃油蒸气迁移到周围环境。若浓度分布为球对称，则有

$$m_f = -\pi d_s^2 \rho D \frac{\mathrm{d}Y_f}{\mathrm{d}r}\bigg|_s + \pi d_s^2 \rho v_s Y_{fs} \quad (油珠表面)$$

或

$$m_f = -\pi d^2 \rho D \frac{\mathrm{d}Y_f}{\mathrm{d}r} + \pi d^2 \rho v Y_f \quad (任意半径)$$

(6-18)

将式 (6-17) 与式 (6-18) 相加，并考虑到 $\frac{\mathrm{d}Y_a}{\mathrm{d}r} = -\frac{\mathrm{d}Y_f}{\mathrm{d}r}$，可得

$$m_f = \rho v \pi d^2 (Y_a + Y_f) = \rho v \pi d^2$$

(6-19)

式 (6-18) 可改写为

$$m_f = -4\pi r^2 \rho D \frac{\mathrm{d}Y_f}{\mathrm{d}r} + m_f \cdot Y_f$$

或

$$m_f \frac{\mathrm{d}r}{r^2} = -4\pi \rho D \frac{\mathrm{d}Y_f}{1 - Y_f} \tag{6-20}$$

积分上式 (注意 m_f 与 r 无关)，并取边界条件为

$$r = r_s, \qquad Y_f = Y_{fs}$$
$$r = \infty, \qquad Y_f = Y_{f\infty}$$

可得纯蒸发 (不燃烧) 条件下油珠的蒸发速率

$$m_f = 4\pi r_s^2 \cdot \rho D \ln(1 + B) \quad (\mathrm{kg/s}) \tag{6-21}$$

式中，B 称为物质交换数，并有

$$B = \frac{Y_{fs} - Y_{f\infty}}{1 - Y_{fs}} \tag{6-22}$$

　　计算时通常可假定油珠表面的燃油蒸气压等于饱和蒸气压，因此只要已知油珠表面温度以及燃油的饱和蒸气压与温度的关系，即可求得 Y_{fs}，因而可确定物质交换数 B。

　　从能量平衡的角度也可以确定油珠的蒸发速率。图 6-17 在以油珠为中心、半径为 r 的位置上画一球形分界面，外部环境向内侧球体的导热量为 $-4\pi r^2 \lambda \frac{\mathrm{d}T}{\mathrm{d}r}$，此热量消耗于三个方面：

　　(1) 加热油珠，若油珠内部温度均匀，并等于 T_1，则加热所消耗的热量 (单位时间内)为 $\frac{4}{3}\pi r_s^3 \rho_1 C_1 \frac{\mathrm{d}T_1}{\mathrm{d}\tau}$，这里 C_1 为液体燃油比热，τ 为时间；

　　(2) 油珠蒸发消耗的潜热，其值为 $m_f h_{fg}$，此处 h_{fg} 为汽化潜热 (kJ/kg)；

　　(3) 使燃油蒸气从 T_1 升温到 T 所需要的热量，其值为 $m_f C_p (T - T_1)$。

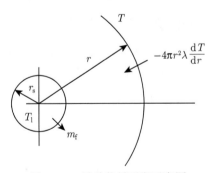

图 6-17　油珠能量平衡示意图

蒸发油珠的热平衡方程为

$$-4\pi r^2 \lambda \frac{\mathrm{d}T}{\mathrm{d}r} + m_f C_p (T - T_1) + m_f h_{fg} + \frac{4}{3}\pi r_s^3 \rho_1 C_1 \frac{\mathrm{d}T_1}{\mathrm{d}\tau} = 0 \tag{6-23}$$

在油珠达到蒸发平衡温度后，有

$$\frac{\mathrm{d}T_\mathrm{l}}{\mathrm{d}\tau} = \frac{\mathrm{d}T_\mathrm{wb}}{\mathrm{d}\tau} = 0$$

于是上式可化简为

$$-4\pi r^2\lambda\frac{\mathrm{d}T}{\mathrm{d}r} + m_\mathrm{f}C_\mathrm{p}\left(T - T_\mathrm{wb}\right) + m_\mathrm{f}h_\mathrm{fg} = 0$$

或

$$\frac{m_\mathrm{f}}{4\pi\lambda}\frac{\mathrm{d}r}{r^2} = \frac{\mathrm{d}T}{C_\mathrm{p}\left(T - T_\mathrm{l}\right) + h_\mathrm{fg}} \tag{6-24}$$

积分上式，并取边界条件

$$r = r_\mathrm{s}, \qquad T = T_\mathrm{wb}$$
$$r = \infty, \qquad T = T_\infty$$

可得

$$m_\mathrm{f} = 4\pi r_\mathrm{s}\frac{\lambda}{C_\mathrm{p}}\ln\left(1 + \frac{C_\mathrm{p}\left(T_\infty - T_\mathrm{wb}\right)}{h_\mathrm{fg}}\right) \tag{6-25}$$

由此可见，可以用式 (6-21) 或式 (6-25) 计算油珠的纯蒸发速率，但两式的应用条件不同。式 (6-25) 仅适用于计算油珠已达蒸发平衡温度后的蒸发，而式 (6-21) 却不受这个条件的限制，实验表明，大多数情况下，特别是油珠比较粗大以及燃油挥发性较差时，油珠加温过程所占的时间不超过总蒸发时间的 10%，因此当缺乏饱和蒸气压力数据时，也可用式 (6-25) 来计算蒸发的速率。

若油珠周围气体混合物的刘易斯数 Le 等于 1，则有 $\lambda/C_\mathrm{p} = \rho D$，并令

$$B_T = C_\mathrm{p}\left(T_\infty - T_\mathrm{wb}\right)/h_\mathrm{fg} \tag{6-26}$$

则有

$$m_\mathrm{f} = 4\pi r_\mathrm{s}\rho D\ln\left(1 + B_T\right) \tag{6-27}$$

对比式 (6-27) 和式 (6-21) 可知，当蒸发平衡且 $Le = 1$ 时，应有

$$B = B_T$$

或

$$\frac{Y_\mathrm{fs} - Y_\mathrm{f\infty}}{1 - Y_\mathrm{fs}} = \frac{C_\mathrm{p}\left(T_\infty - T_\mathrm{wb}\right)}{h_\mathrm{fg}} \tag{6-28}$$

6.2.4　相对静止油珠的燃烧

相对静止的油珠燃烧时，油珠被一对称的球形火焰包围，火焰面半径 r_f 常比油珠半径大得多。静止条件下的油珠燃烧属于扩散燃烧，如图 6-18 所示，燃油蒸气从油珠表面向火焰面扩散，而空气则由外界向火焰面扩散。在 $r = r_\mathrm{f}$ 处，油气混合物达到化学恰当比 (即当量比 $\phi = 1$)，在此处着火燃烧，形成了火焰锋面。理想情况下，可假设火焰锋面的厚度

为无限薄，即反应速度无限快，燃烧在瞬间完成。由图可见，火焰面上，燃油蒸气和空气的浓度 (Y_f 和 Y_a) 为零，而燃烧产物的浓度 $Y_p = 1.0$，燃烧产物向火焰面内外两侧扩散。

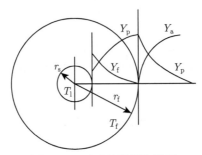

图 6-18   油珠扩散燃烧模型

若取边界条件

$$r = r_s, \quad Y_f = Y_{fs}$$

$$r = r_f, \quad (Y_f)_f = 0$$

并对式 (6-24) 进行积分，可得油珠的燃烧速率：

$$m_f = 4\pi\rho D \frac{1}{\dfrac{1}{r_s} - \dfrac{1}{r_f}} \ln(1 + B) \tag{6-29}$$

式中

$$B = \frac{Y_{fs}}{1 - Y_{fs}} \tag{6-30}$$

油珠纯蒸发时，火焰面不存在，相当于 $r_f \to \infty$。又若 $Y_{f\infty} = 0$，则式 (6-29) 和式 (6-30) 分别变为式 (6-21) 和式 (6-22)。

油珠燃烧时，可取 $T_{wb} = T_b$(燃油沸点温度)，同理，若取边界条件

$$r = r_s, \quad T = T_b$$

$$r = r_f, \quad T = T_f$$

并对式 (6-24) 积分，也可得到油珠燃烧速率的表达式

$$m_f = \frac{1}{\dfrac{1}{r_s} - \dfrac{1}{r_f}} \frac{4\pi\lambda}{C_p} \ln\left(1 + \frac{T_f - T_b}{h_{fg}}\right) \tag{6-31}$$

油珠外围球形火焰面的半径 r_f 可按如下方法确定，油珠燃烧所需的氧气 (或空气) 从远处向球形火焰面扩散，其扩散速率应等于式 (6-31) 确定的燃油消耗率 m_f 乘上理论氧气量 (或空气量)β，以确保火焰面上混气当量比为 1，即

$$4\pi r^2 \rho D \frac{dY_a}{dr} = \beta m_f \tag{6-32}$$

式中，D 和 Y_a 分别表示氧气 (或空气) 的扩散系数和浓度。

对式 (6-32) 从 r_f 到无穷远处积分，并考虑火焰面的氧浓度为零，则可得到火焰面的半径为

$$r_f = \frac{\beta m_f}{4\pi\rho D Y_{a\infty}} \tag{6-33}$$

将 r_f 代入式 (6-31)，整理可得

$$m_f = 4\pi r_s \left\{ \frac{\lambda}{C_p} \ln\left[1 + \frac{C_p(T_f - T_b)}{h_{fg}} \right] + \frac{\rho D Y_{a\infty}}{\beta} \right\} \tag{6-34}$$

6.2.5 强迫对流条件下油珠的蒸发或燃烧速率

实际燃烧过程中，油珠和气流之间总是存在着相对运动，如当燃油从喷嘴喷出时，喷射速度不等于周围气流的速度；在湍流气流中 (实际燃烧装置中多为湍流)，油珠的质量惯性比气团大得多，因此油珠总是跟不上气团的湍流脉动，相互间存在着滑移速度。如图 6-19 所示，当油气间有相对运动时，前面关于球对称的假设是不适用的。也就说，在对称球面上，浓度、温度等不再相等，斯特藩流也不再保持球对称。为处理这个复杂得多的问题，工程上常用所谓 "折算薄膜" 来近似处理。其结果可表示为如下的简单形式：

$$(m_f)_{Re\neq 0} = \frac{Nu^0}{2}(m_f)_{Re=0} \tag{6-35}$$

式中，Re 为油珠在气流中相对运动的雷诺数，其定义为

$$Re = \frac{U_R \rho_g d_s}{\mu_g}$$

其中，U_R 为油气间的相对速度；d_s 为油珠直径；ρ_g 和 μ_g 分别为气体的密度和黏性系数。

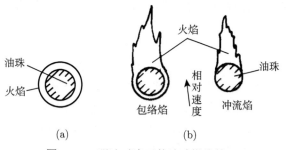

图 6-19 强迫对流下的油珠燃烧情况

式 (6-35) 中下标 $Re=0$ 及 $Re\neq 0$ 分别表示相对静止条件和强迫对流条件。它表明，强迫对流条件下的油珠纯蒸发 (或燃烧) 速率等于相对静止条件下的相应速率乘以系数 $Nu^0/2$。而相对静止条件下的纯蒸发或燃烧速率可分别按式 (6-21)、式 (6-27) 和式 (6-34) 求得。

式 (6-35) 中的 Nu^0 是强迫对流条件下固体小球表面的努塞特数，可按下列经验公式求得：

$$Nu^0 = 2 + 0.6Re^{0.5}Pr^{0.33} \tag{6-36}$$

其中，Pr 为气态混合物的普朗特数。

6.2.6　d^2 定律及油珠寿命

利用前面导出的油珠纯蒸发或燃烧速率表达式,可以进一步求出给定直径的油珠在一定条件下的生存期或寿命。在燃烧装置的设计中这是一个非常重要的数据。

油珠纯蒸发或燃烧时,直径不断减小,其减小速率与前述的蒸发或燃烧速率 m_f 有关。设任一瞬间的油珠直径为 d,经过 $\Delta\tau$ 时间后,直径减小 Δd,则 m_f 可表示为

$$m_f = -\pi d^2 \rho_1 \frac{\Delta d}{2} \frac{1}{\Delta\tau} \tag{6-37}$$

以相对静止条件下的纯蒸发为例,将式 (6-21) 代入式 (6-37) 得

$$\frac{\Delta d}{\Delta\tau} = -\frac{4\rho D}{d\rho_1} \ln(1+B) \tag{6-38}$$

式中,ρ_1、ρ 分别是油珠液体密度和油珠周围气相密度。由式 (6-38) 可见,油珠直径越小,直径缩小率越大,也就是说,大油珠在蒸发 (或燃烧) 后期直径缩小得更快。

若油珠的初始直径为 d_0,对式 (6-38) 积分可得

$$d^2 = d_0^2 - \left[\frac{8\rho D}{\rho_1} \ln(1+B)\right]\tau$$

或

$$d^2 = d_0^2 - K\tau \tag{6-39}$$

式 (6-39) 为油珠蒸发的 “直径平方” 定律,K 为蒸发常数。可见油珠直径的平方与时间呈线性变化关系,直线的斜率等于蒸发常数 K。

蒸发终了瞬间,油珠直径为 0。于是从式 (6-39) 可得油珠的生存期或寿命为

$$\tau = \frac{d_0^2}{K} \tag{6-40}$$

可见,油珠寿命与初始直径平方成正比。如前所述,油雾锥中总是存在部分粗大的油珠,在设计燃烧装置时,要特别注意这部分油珠的燃烧。因为它们的寿命最长,容易引起不完全燃烧损失。此外,油珠寿命与蒸发常数 K 成反比,一般说来轻质油的 ρ_1 小且 B 值大,对应的 K 值较大,因此油珠的寿命较短。

据式 (6-35),也可得到强迫对流条件下油珠蒸发的相应关系式为

$$d^2 = d_0^2 - \left[\frac{8\rho D}{\rho_1} \frac{Nu^0}{2} \ln(1+B)\right]\tau \tag{6-41}$$

由式 (6-36) 可知,在强迫对流条件下,$Nu^0 > 2$,对比式 (6-39) 不难看出,强迫对流使蒸发常数增大,因而油珠寿命缩短。

同样在单滴油珠燃烧时,也可得到相应的直径平方定律,这时的常数用 K_f 表示,称为燃烧常数。通常情况下,燃烧常数大于蒸发常数。

6.3　油雾燃烧

油雾燃烧是十分复杂的物理化学过程，它不是单个油珠燃烧过程的简单叠加。实际上，油雾中的每一个油珠都经历着复杂的运动，除了平均运动外，油雾中每一个油珠所处的环境温度和氧浓度都随时间和空间不断地变化，这些都与单个油珠所处的状态有着明显的差别。通过对由双滴、三滴、五滴甚至九滴所组成的悬挂液滴组在不同排列组合情况下的燃烧试验结果分析，发现燃烧常数与油滴的相互位置有关。对于由两颗悬挂滴所组成的体系，随着滴间距离的减小 (从 1.3cm 开始)，燃烧常数先增加到最大值，然后减小；对于液滴组中央的液滴，其燃烧常数要比周围液滴的燃烧常数大。这种现象主要可归结为两方面的影响：一是相邻油珠释放燃烧热使油珠周围的温度升高，促使燃烧过程加速；二是油珠周围的氧浓度降低，引起燃烧过程减缓。当前者的影响占主导时，引起燃烧常数增大，相反地，若后者的影响起主导作用，则将导致燃烧常数降低。

6.3.1　油雾燃烧模型

根据实际油雾的燃烧情况可以区分为四种情况。

第一种情况为预蒸发型气态燃烧。这种情况相应于油和气的进口温度高，或油雾较细，或者喷油的位置与燃烧区之间的距离较长，因而在进入燃烧区之前油珠已完成蒸发过程。第二种情况为滴群扩散燃烧。这是另一种极端情况，相当于油和气的进口温度低，或燃油雾化不好，油珠比较粗大 (或燃油挥发性差)，在进入燃烧区时，油珠基本未蒸发，只有滴群的扩散燃烧。通常在冲压发动机和液体火箭发动机燃烧室中接近这种燃烧。第三种情况为复合燃烧。这时油雾中较细的油滴在进入燃烧区时已蒸发完毕，并形成一定浓度的预混气体。在燃烧区既有预混气体的气相燃烧，也有粗大油珠的扩散燃烧。第四种情况为气相燃烧加上液滴的蒸发，这时在到达燃烧区时已蒸发的油珠与空气进行气相燃烧，而未蒸发的油珠又因直径太小而着不了火。因此只能在燃烧区中继续蒸发，而不存在油珠的扩散燃烧。

上述四种油雾火焰有各自的特点。例如，第一种火焰类似于气体湍流燃烧，燃油的蒸发过程几乎不影响火焰的长度。第二种火焰的燃烧过程和蒸发过程几乎是同步的，蒸发过程的快慢控制着整个燃烧过程的进展，此时为了强化燃烧和缩短火焰，必须加速蒸发过程。对于第三种和第四种情况，蒸发因素、湍流因素和化学动力学因素将共同起作用。在不同的燃烧装置中，工作条件不同，采用燃料不同，可能得到不同类型的液雾火焰，应针对不同情况作具体的分析。

6.3.2　滴群扩散燃烧

下面介绍一种关于滴群扩散燃烧的理论模型，作为分析油雾燃烧问题的一个案例。

Probert 提出的滴群扩散燃烧模型认为，滴群燃烧由许多直径不等的油珠扩散燃烧所组成，不考虑油珠与气体之间的相对速度，也不考虑相邻油珠对蒸发过程的影响。

假设油雾中初始滴径的分布符合 Rosin-Rammler 分布，即

$$R = \exp\left[-\left(\frac{d_{0i}}{d}\right)^n\right]$$

此处 R 表示直径大于 d_{0i} 的液滴质量占总质量的百分数。

根据直径平方定律，在任何瞬间 τ，初始直径小于及等于 $\sqrt{K_f\tau}$ 的油珠都已蒸发完毕，剩下的只有那些初始直径大于 $\sqrt{K_f\tau}$ 的油珠，这些油珠经过 τ 时间后剩余的质量百分数为

$$\int_{\sqrt{K_f\tau}}^{\infty} \left(\frac{d_i}{d_{0i}}\right)^3 \frac{\mathrm{d}R}{\mathrm{d}(d_{0i})}\mathrm{d}(d_{0i})$$

根据扩散燃烧的概念，燃烧过程与蒸发过程同步，因此完全燃烧程度或燃烧效率可表达为

$$\eta = 1 - \int_{\sqrt{K_f\tau}}^{\infty} \left(\frac{d_i}{d_{0i}}\right)^3 \frac{\mathrm{d}R}{\mathrm{d}(d_{0i})}\mathrm{d}(d_{0i})$$

因为

$$\left(\frac{d_i}{d_{0i}}\right)^3 = \left(\frac{d_i^2}{d_{0i}^2}\right)^{\frac{3}{2}} = \left(1 - \frac{k_f\tau}{d_{0i}^2}\right)^{\frac{3}{2}}$$

及

$$\mathrm{d}R = (-n)\left(\frac{d_{0i}}{\bar{d}}\right)^{n-1}\left(\frac{1}{\bar{d}}\right)\mathrm{e}^{-\left(\frac{d_{0i}}{\bar{d}}\right)^n}\mathrm{d}\left(d_{0i}\right)$$

所以

$$\eta = 1 - \int_{\sqrt{K_f\tau}}^{\infty} (-n)\frac{d_{0i}^{n-4}}{\bar{d}^n}\left(d_{0i}^2 - K_f\tau\right)^{3/2}\mathrm{e}^{-\left(\frac{d_{0i}}{\bar{d}^n}\right)^n}\mathrm{d}\left(d_{0i}\right)$$

或

$$\eta = 1 - \int_{\sqrt{K_f\tau}}^{\infty} (-n)\left(\frac{d_{0i}}{\bar{d}^n}\right)^{n-4}\left(\frac{d_{0i}^2}{\bar{d}^2} - \frac{\tau}{\tau_s}\right)^{3/2}\mathrm{e}^{-\left(\frac{d_{0i}}{\bar{d}}\right)^n}\mathrm{d}\left(\frac{d_{0i}}{\bar{d}}\right) \qquad (6\text{-}42)$$

其中，$\tau_s = \bar{d}^2/K_f$，即特征尺寸油珠的寿命。用数值积分法对式 (6-42) 进行计算，解的通式为

$$\eta = f\left(n, \frac{\tau}{\tau_s}\right)$$

总之，滴群扩散燃烧的特性可归纳为：① 体现雾化细度的油雾特征尺寸 $\bar{d}$ 越小，时间 τ_s 越短，燃烧过程发展越快，燃烧效率越高；② 液滴的燃烧常数 k_f 越大，时间 τ_s 越短，表明燃烧过程发展越快，效率越高；③ 均匀度指数 n 值越小，尺寸分布越不均匀，燃烧后期效率升高缓慢，主要是粗大油珠燃烧进程缓慢所致。

对于均匀油珠群的燃烧，其燃烧效率可表达为

$$\eta = 1 - \left(\frac{d}{d_0}\right)^3 = 1 - (1 - \tau/\tau_s)^{3/2}$$

其中，$\tau_s = d_0^2/K_f$，为油珠的寿命。通常均匀油珠群的效率上升最快，因此从提高燃烧效率角度希望油雾既细又均匀。

习　题

6.1　说明燃油雾化的过程与机理。

6.2　索特平均直径 SMD 是如何定义的？它有什么物理意义？

6.3　将直径为 D 的单个油珠放在温度为 500K 的静止空气内稳定蒸发，其蒸发常数为 $0.1 \text{mm}^2/\text{s}$，油珠蒸发 2.1s 后点火燃烧，燃烧常数为 $1 \text{mm}^2/\text{s}$，5s 后油珠燃烧完毕，求油珠初始直径 D。

6.4　煤油通过离心喷嘴供入燃烧室，已知供油压力为 600kPa，燃烧室内压力为 250kPa，已知供油量为 5g/s，求喷嘴孔径 (设煤油密度为 800kg/m^3，喷嘴流量系数为 0.78)。

6.5　已知煤油沸点为 423K，汽化潜热为 $3.85 \times 10^5 \text{J/kg}$，沸点时的密度为 830kg/m^3，导热系数为 $8 \times 10^{-2} \text{W/(m·K)}$，定压比热为 $2 \times 10^{-3} \text{J/(kg·K)}$，热值为 $4.4 \times 10^7 \text{J/kg}$。计算直径为 50μm 的液滴在温度为 600K 的常压静止空气中的蒸发寿命。

第7章 煤的燃烧基础

煤是人类最早使用的燃料之一，比石油燃料的使用早得多，但由于煤燃烧的复杂性，人们对它的燃烧机理的认识大大落后于对油的了解。煤在我国的国民经济中有着举足轻重的地位，当前我国的能源消耗有近 60% 来源于煤，这主要是因为我国的煤资源比较丰富、石油资源相对比较贫乏。另外，煤的燃烧会形成多种污染物，是我国主要的空气污染来源。因此了解煤的燃烧机理、提高燃烧装置效率对我国节约能源、减少污染物的排放有着非常重要的作用。

7.1 煤的组成与特性

7.1.1 煤的种类

煤是棕色至黑色的可燃烧的固体，它由植物经过物理和化学的演变与沉积而成。在煤化过程的不同阶段，把煤分成泥煤、褐煤、烟煤及无烟煤。

(1) 泥煤是从植物刚刚转变过来的煤。结构上质地疏松，吸水性强。在化学组成上，其含氧量最高，达 28%～30%，含碳、硫较低。特点是挥发分高，可燃性好，反应性高，灰分熔点很低，主要用于烧锅炉和做气化原料。因其吸水性强，不适合远途运输。

(2) 褐煤是泥煤进一步变化后生成的。与泥煤相比，其密度较大，含碳量较高，氢、氧含量较少，挥发性相对低些。使用上黏结性弱，极易氧化和自燃，吸水性较强，在空气中易风化和破碎。

(3) 烟煤是一种煤化程度较高的煤种。与褐煤相比，其挥发分少，密度较大，吸水性小，含碳量增加，氢和氧的含量较低。烟煤是工业上的主要燃料，也是化学工业的重要原料。烟煤的最大特点是具有黏结性，因此是炼焦的主要原料。

(4) 无烟煤是矿物化程度最高的煤，也是年龄最大的煤。无烟煤的特点是密度大，含碳量高，挥发分极少，组织密实、坚硬、吸水性小，适合远途运输、长期储存。缺点是可燃性差，不易着火，但发热量大，灰分少，含硫低。

7.1.2　煤的化学组成与性质

煤是由极其复杂的有机化合物组成的。主要的化学成分有碳 (C)、氢 (H)、氧 (O)、氮 (N)、硫 (S)、灰分 (A) 及水分 (W)，其中 C、H、O、N、S 构成可燃化合物，称为可燃质；煤中的水分和灰分是不可燃的，称为煤的惰性质。

碳是主要的可燃元素，煤的煤化程度越高，含碳量越大。碳完全燃烧时生成二氧化碳，此时每千克纯碳可放出 32866kJ 热量；碳不完全燃烧时生成一氧化碳，此时每千克纯碳放出的热量仅为 9270kJ。

氢也是煤的主要可燃元素。该元素的发热量最高，每千克氢燃烧后的低热值为 120370kJ (约为纯碳发热量的 4 倍)，但煤中的氢的含量较少，在可燃质中含碳量为 85% 时，有效氢含量最高，约 5%。在煤中氢以两种形式存在，与碳、硫结合在一起，叫可燃氢，它可以有效地放出热量。另一种是和氧结合在一起，叫化合氢，它不能放出热量。在计算发热量和理论空气量时，以有效氢为准。

氧和氮都是不可燃成分。氧和碳、氢等结合生成氧化物而使碳、氢失去燃烧的可能性。可燃物质中碳含量越高，氧含量越低。氮一般不能参加燃烧，但在高温燃烧区中和氧形成的 NO_x 是一种排气污染物，煤中含氮为 0.5%～2%。

硫在煤中有三种存在形式：① 有机硫，来自母体植物，与煤呈化合态均匀分布；② 黄铁矿硫，以 FeS_2 形式存在；③ 硫酸盐，以 $CaSO_4 \cdot 2H_2O$ 和 $FeSO_4$ 等形式存在于灰分中。硫酸盐中的硫不能燃烧，它是灰分的一部分；有机硫和黄铁矿硫可燃烧放热，但每千克可燃硫的发热量仅为 9100kJ。硫燃烧后生成 SO_2、SO_3，它危害人体，污染大气并可形成酸雨。在锅炉中则会引起锅炉换热面腐蚀。

灰分是指煤中所含矿物质在燃烧过程中高温分解和氧化后生成的固体残留物。灰分的来源有两个，一是煤化过程中由土壤等外界带入的矿物质，称为外来灰分；另一种灰分是原来成煤植物中固有的，称为内在灰分。灰分的存在不仅使燃料发热量减少，而且影响燃料的着火与燃烧。在工业上解决灰分的方法大体是：① 在入炉前减少煤中灰分，采用洗煤；② 在燃烧过程中排渣 (液体排渣) 或在燃烧之后的排气中除尘 (固体除尘)。

水分是燃烧中无用的成分。煤中水分包括两部分：① 外部水分或湿水分。这是机械地附在煤表面的水分，它与大气温度有关。把煤磨碎后在大气中自然干燥到风干状态，这部分水分就可除去。② 内在水分。这是煤达到风干状态后所残留的水分，包括被煤吸收并均匀分布在可燃质中的化学吸附水和存在于矿物质中的结晶水。内在水分只有在高温分解时才能除掉。通常作分析计算和燃烧评价时所说的水分就是指这部分水。

7.1.3　煤的化学分析

对煤的分类和表述很大程度上取决于由化学分析得出的结果。煤的化学分析分两类：组成的元素分析及工业分析。

1. 组成的元素分析

在表示煤的成分时，把水分、灰分含量除外，以可燃质成分作为百分之百，称为可燃基成分；如只把水分变化因素排除，除去水分以外的其他含量作为成分的百分之百，则称为干燥基成分；如将水分计入后就可得到所应用的煤的成分，称为应用基成分；当煤样在实验室的正常条件下放置时 (即室温 20℃, 相对湿度 60% 条件下), 煤样会失去一些水分, 留下的稳定的水分称为实验室正常条件下的空气干燥水分, 以该空气干燥过的煤样为基础的成分为分析基成分。用分析基成分可以避免实验中水分的变化影响。上述各成分可表示如下:

(1) 应用基成分

$$C^y + H^y + O^y + N^y + S^y + A^y + W^y = 100\%$$

(2) 分析基成分

$$C^f + H^f + O^f + N^f + S^f + A^f + W^f = 100\%$$

(3) 干燥基成分

$$C^g + H^g + O^g + N^g + S^g + A^g = 100\%$$

(4) 可燃基成分

$$C^r + H^r + O^r + N^r + S^r = 100\%$$

测定煤中所含 C、H、O、N、S 各元素以及水分和灰分的百分比含量的方法, 称元素分析法。

2. 煤的工业分析

另一种在工业上常用的分析煤的方法称工业分析。工业分析法测定比元素分析法测定简单, 它只需测定煤中所含水分 (W)、灰分 (A)、挥发分 (V) 和固定碳 (C_{GD}) 各成分。另外还要测定煤的发热量 Q_{DW}、灰熔点、剩余焦炭特征及可磨系数。

煤的工业分析是将一定质量的煤加热到 110℃, 使其水分蒸发, 测出水分含量, 再在隔绝空气下加热到 850℃, 测出挥发分含量。然后通空气使固定碳全部燃烧, 以测出固定碳和灰分含量。

煤的发热量是评价煤好坏的一个重要指标。1kg 煤完全燃烧后所放出的燃烧热即发热量, 单位 kJ/kg。通常用的是低热值, 即不包括水蒸气凝结成水时的冷凝热, 煤的低热值约 8380~29300kJ/kg。发热量可以用氧弹式量热计直接测定, 也可以根据元素分析值近似计算:

$$Q_{DW}^r = 33900C^r + 103000H^r - 10900(O^r - S^r) \quad (kJ/kg)$$

7.2 煤的燃烧过程

煤在被加热时, 其中水分首先被蒸发逸出, 然后有机质开始热分解, 在热分解过程中一部分被称为挥发分的可燃气态的物质被分解析出, 最后剩下的基本上是由碳和灰分所组成的固体残物, 称为焦炭。这些被析出的挥发物如果遇到适量的空气 (氧气) 并且又具有足够高的温度, 那么它们就会着火燃烧起来。由于焦炭比挥发分难于着火, 所以焦炭常在部分挥发物或甚至几乎全部挥发分烧掉以后才开始着火燃烧。

一般认为，在煤的燃烧过程中从开始干燥、挥发分析出到挥发分大部分烧完，大约只占煤总燃烧时间的 10%。而 90% 的时间是用在使焦炭燃尽。另一方面，煤中焦炭的含量占煤总量的 55%~97%，焦炭的发热量占煤总发热量的 60%~95%。因此不论从燃烧时间、燃烧掉的质量还是放出热量来看，在煤的燃烧过程中焦炭的燃烧都是主要的。可以认为煤的燃烧主要是焦炭的燃烧。要了解和掌握煤的燃烧规律，首先要研究焦炭的燃烧规律。

图 7-1 给出煤粒的燃烧过程示意图。首先燃料被加热和干燥，而后挥发分开始析出。如果温度足够高且有一定量的氧气，则挥发分会在煤粒周围着火燃烧形成光亮的火焰。这时，氧气消耗于挥发分的燃烧，达不到焦炭表面。因此焦炭本身还是阴暗的，焦炭的温度也不超过 600℃，挥发分的燃烧起了阻碍焦炭燃烧的作用。另一方面，由于挥发分在煤粒附近燃烧，焦炭被加热。在挥发分燃完以后焦炭就能剧烈地燃烧，所以挥发分的燃烧能促进焦炭的燃烧。

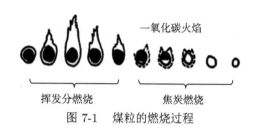

图 7-1　煤粒的燃烧过程

由此可知，煤的燃烧是由一系列连续阶段构成的，即预热、干燥、挥发分析出与焦炭生成、挥发分燃烧及焦炭燃烧。在所有这些阶段中起决定作用的是焦炭的燃烧阶段。

7.3　固体碳粒的燃烧

7.3.1　碳粒的燃烧过程

煤逸出挥发分后剩下的物质是碳或称残碳。这是一种多孔性物质。碳在气相氧化剂中燃烧属于气、固两相燃烧。燃烧可能发生在碳粒的外表面，也可能发生在碳粒内部的气孔表面。气相氧化剂一般指氧气、二氧化碳、水蒸气和氢气。因此碳在气相中的两相燃烧就是指碳与氧的反应、碳与二氧化碳的反应、碳与水蒸气的反应以及碳与氢的反应。

两相反应的特点是：物质在相的分界表面上发生反应。反应一般由下列几个步骤组成：

(1) 气相反应物分子扩散到固体表面；

(2) 分子在表面发生吸附作用；

(3) 被吸附分子在表面上进行化学反应生成气相生成物分子；

(4) 气相生成物分子从表面解吸；

(5) 气相生成物分子扩散离开表面。

上述步骤依次发生。整个反应过程的快慢 (反应的速度) 取决于上述各步中最慢一步的速度。现以碳与氧的燃烧为例加以说明。碳粒与氧燃烧时步骤 (2) 和 (4) 是非常快的。反应物分子扩散和生成物扩散属于同一数量级。因此碳粒燃烧过程的速度，实际上是由反应物分子 (氧气) 向碳粒表面的扩散过程及在碳粒表面氧和碳进行的化学反应过程来决定的。

假设碳与氧燃烧的生成物只有二氧化碳，并仿照传热学中对流换热系数 α 的概念引入对流扩散系数 α_D^*，则氧从周围向单位碳粒表面的扩散量可以写成

$$g_{O_2} = \alpha_D^*(\rho_{O_2,\infty} - \rho_{O_2,0}) \tag{7-1}$$

式中，$\rho_{O_2,\infty}$ 和 $\rho_{O_2,0}$ 分别为氧在无穷远处及碳表面处的浓度。氧在碳表面处的反应速度 (单位碳粒表面积、单位时间燃烧掉的氧量) 可表示为

$$\omega = K_{O_2}\rho_{O_2,0} \tag{7-2}$$

式中，K_{O_2} 为反应速率常数，由 Arrhenious 定律确定，即

$$K_{O_2} = K_{0,O_2} \exp\left(-\frac{E}{RT}\right) \tag{7-3}$$

式中，K_{0,O_2} 为反应的频率因子。

在稳定燃烧状态，向碳粒扩散的氧气量应等于碳粒燃烧所消耗的氧气量。因此

$$\alpha_D^*(\rho_{O_2,\infty} - \rho_{O_2,0}) = K_{O_2}\rho_{O_2,0} \tag{7-4}$$

所以

$$\rho_{O_2,0} = \frac{\alpha_D^*}{\alpha_D^* + K_{O_2}}\rho_{O_2,\infty} \tag{7-5}$$

把 $\rho_{O_2,0}$ 代回式 (7-1)，可得

$$g_{O_2} = \frac{\rho_{O_2,\infty}}{\dfrac{1}{\alpha_D^*} + \dfrac{1}{K_{O_2}}} = K'\rho_{O_2,\infty} \tag{7-6}$$

式中，K' 称为碳粒燃烧反应的表观速率常数，即

$$K' = \frac{1}{\dfrac{1}{\alpha_D^*} + \dfrac{1}{K_{O_2}}} \tag{7-7}$$

它的倒数为

$$\frac{1}{K'} = \frac{1}{\alpha_D^*} + \frac{1}{K_{O_2}} \tag{7-8}$$

可以把 $1/K'$ 看成在多相燃烧过程中反应的总阻力。它由两部分组成，一部分是燃烧反应的化学阻力，另一部分是氧气扩散过程中的物理阻力。

由此，我们可以把多相燃烧情况分为三种。

1. 动力燃烧

当化学阻力比物理阻力大得多时 (即 $\alpha_D^* \gg K_{O_2}$)，式 (7-7) 可以写成 $K' = K_{O_2}$。此时燃烧速度取决于化学反应速度，故称为动力燃烧。比较式 (7-6) 和式 (7-2) 可知，当 $\alpha_D^* \gg K_{O_2}$ 时，$\rho_{O_2,\infty} = \rho_{O_2,0}$，这表明碳表面上氧气浓度接近于周围气流中氧的浓度。这种情况相当于较低温度下的燃烧情况。此时由于化学反应速度很低，从远处扩散到碳表面的氧消耗得很少，从而使得碳表面氧的浓度近似等于远处环境中氧的浓度。

2. 扩散燃烧

当物理阻力比化学阻力大得多时 (即 $\alpha_D^* \ll K_{O_2}$)，式 (7-7) 可以写成 $K' = \alpha_D^*$。燃烧速度取决于氧分子的扩散速度，故称为扩散燃烧。比较式 (7-6) 和式 (7-1) 可知，当 $\alpha_D^* \ll K_{O_2}$ 时，$\rho_{O_2,0} \approx 0$，即碳表面上氧气浓度接近于零。这相当于在高温下的燃烧情况。此时，由于温度很高，化学反应能力已大大超过扩散能力，使所有扩散到碳表面的氧立即全部反应掉，从而导致碳表面的氧浓度为零。

3. 过渡燃烧

当化学阻力和物理阻力在同一数量级时 (即 $\alpha_D^* \approx K_{O_2}$)，两者均不能忽略。此时燃烧工况处于扩散控制和动力控制之间，故称为过渡燃烧。碳表面上的氧气浓度应按式 (7-5) 计算。

根据以上讨论可以知道，碳的燃烧速度和温度关系很大。当温度由低温到高温时，碳燃烧速度的规律和碳表面的氧浓度是不同的。它们的变化关系如图 7-2 和图 7-3 所示。

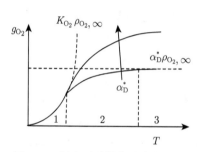

图 7-2　温度对碳燃烧速率的影响

1-动力燃烧区；2-过渡燃烧区；3-扩散燃烧区

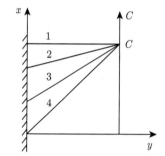

图 7-3　碳燃烧过程中氧浓度分布

1-动力燃烧；2、3-过渡燃烧；4-扩散燃烧

从图 7-2 可以看出，温度比较低时，燃烧属于动力控制 (区域 1)。此时由于 K_{O_2} 服从于 Arrhenious 定律，温度升高时 K_{O_2} 急剧增大。在高温区，燃烧属于扩散控制 (区域 3)。由于 α_D^* 与温度关系十分微弱，因此燃烧速度与温度无关。只有提高氧扩散到碳表面的传质系数 α_D^*，才能提高燃烧速度。图中介于区域 1 和区域 3 之间的区域 2 则是过渡燃烧区。

从图 7-3 示出的碳燃烧时在碳表面附近氧的浓度分布可以知道，在动力区碳表面的氧浓度等于远处环境氧浓度 $\rho_{O_2,\infty}$。在扩散区碳表面的氧浓度等于 0，而在过渡区碳表面的氧浓度则介于 0 和 $\rho_{O_2,\infty}$ 之间。

由此可以知道，要强化碳的燃烧，应根据碳所处的燃烧状态采取相应的措施才可达到目的。在动力燃烧状态，强化燃烧主要是要提高化学反应速度 (首先是温度)。在扩散燃烧状态，强化燃烧主要是要加强氧的扩散 (强化混合过程)。而在过渡状态，则两者都要注意。

由于碳的燃烧状态是取决于燃烧时化学反应能力和扩散能力之间的关系，亦即取决于反应速度常数 K 和传质系数 α_D 之间的比值，因此可以用这一比值来判断碳的燃烧状态。α_D 与 K 的比值称为谢苗诺夫准则，即

$$S_m = \frac{\alpha_D}{K}$$

碳的燃烧状态也可以用氧的浓度比 $(\rho_{O_2,0}/\rho_{O_2,\infty})$ 来判断。用 S_m 和 $\rho_{O_2,0}/\rho_{O_2,\infty}$ 来判断燃烧状态的具体数值如表 7-1 所示。

表 7-1　判断碳燃烧状态的 S_m 和 $\rho_{O_2,0}/\rho_{O_2,\infty}$ 值

	动力燃烧	过渡燃烧	扩散燃烧
S_m	>9.0	0.11~9.0	<0.11
$\rho_{O_2,0}/\rho_{O_2,\infty}$	>0.9	0.1~0.9	<0.1

需要指出，增大气流速度或减小碳粒直径可以加快气体扩散 (增大 α_D)，使 S_m 值增大。因而动力燃烧可以在更高的温度下进行，进入扩散燃烧就可相应推迟。所以当空气流速较大或碳粒较小时，要在较高温度下才可达到扩散燃烧。例如，直径为 10mm 的煤粒在 1000℃ 即处于扩散燃烧，但直径为 0.1mm 的煤粉在 1700℃ 时才处于扩散燃烧，所以对于细度为 0.05~0.01mm 的煤粉，在煤炉中燃烧一般均处于动力燃烧或过渡燃烧状态。因此提高煤粉炉的温度可以大大加速燃烧过程。

7.3.2　碳粒燃烧的化学反应

碳粒燃烧是一种气固两相反应，按照现代的概念，反应是在碳的表面上进行的。反应的产物有二氧化碳和一氧化碳。这些产物通过周围介质扩散出去，同时它们也能重新被碳表面吸附。二氧化碳可能再次与碳反应并产生一氧化碳。在靠近碳表面的气体边界层中，一氧化碳亦可能再次燃烧并生成二氧化碳。

在碳表面有水汽存在时，水汽亦会与碳或一氧化碳发生反应。由此可见，碳表面上的燃烧反应是十分复杂的，这些反应哪些反应起主要作用，哪些反应可以忽略，这要取决于温度、压力以及气体成分等燃烧过程的具体条件。下面我们对此作进一步讨论。

1. 碳和氧的反应

关于碳和氧的反应，有三种不同的看法，这就是所谓的碳粒燃烧的三种模型：

(1) 二氧化碳是初次反应产物的模型；

(2) 一氧化碳是初次反应产物的模型；

(3) 二氧化碳、一氧化碳同时是初次反应产物的模型。

第一种模型认为，在碳的氧化反应中二氧化碳是初次反应产物，而燃烧产物中的一氧化碳则为二氧化碳与炽热的碳相互作用的二次产物。

第二种模型认为，在碳的氧化反应中一氧化碳是初次反应产物，而燃烧产物中的二氧化碳则为一氧化碳与氧再次氧化生成的二次产物。

这两种模型各有自己的实验作为基础，第一种模型是早年很低流速的气流流过薄的碳层时得到的实验结果提出的。这时一氧化碳有足够的时间与机会燃尽。第二种模型是在很高的气流速度下进行的燃烧实验，得到大量的一氧化碳，从而提出了一氧化碳是初次反应产物的第二种模型。

目前比较普遍接受的是第三种模型，即认为碳的氧化反应首先生成碳氧络合物，碳氧络合物进一步反应同时产生一氧化碳和二氧化碳。写成化学式即为

$$xC + \frac{y}{2}O_2 \longrightarrow C_xO_y$$

$$C_xO_y \longrightarrow mCO_2 + nCO$$

温度不同时，由于反应机理上的区别，生成物中一氧化碳和二氧化碳的比例也不相同。比值 n/m 随温度上升而增大。

根据 L. Mayer 的实验结果，在 1300℃ 以下或碳表面氧的分压很低、浓度很小的情况下，碳和氧是一级反应，反应产物的比例 $CO/CO_2=1$。此时氧分子溶入碳的晶体内构成固溶络合物，碳氧络合物在氧分子的撞击下发生离解。因此，燃烧过程的化学反应可表示成络合：

$$3C + 2O_2 \longrightarrow C_3O_4$$

离解：

$$C_3O_4 + C + O_2 \longrightarrow 2CO_2 + 2CO$$

其总的简化反应式可表示为

$$4C + 3O_2 \longrightarrow 2CO_2 + 2CO$$

温度高于 1600℃ 时，由于溶入碳晶体的氧分子解吸作用增大，因此氧分子几乎不再溶于石墨晶体。碳氧反应机理逐步转为由化学吸附引起，络合物不待氧分子撞击就自行热分解。因此燃烧过程符合下述反应式：

络合：

$$3C + 2O_2 \longrightarrow C_3O_4$$

离解：

$$C_3O_4 \longrightarrow 2CO + CO_2$$

此时，反应产物的比例 $CO/CO_2=2$，反应级数为零。其总的反应式可表示为

$$3C + 2O_2 \longrightarrow 2CO + CO_2$$

由此可知，碳和氧燃烧时，由于温度不同，所得到的 CO_2 和 CO 的比例是不同的。在温度低于 1300℃ 时，两者的比例为 1:1。当温度高于 1600℃ 时，两者的比例为 1:2。

当温度在 1300~1600℃ 时，反应将同时有固溶络合和晶界上直接化学吸附两种机理，反应产物的比例 CO/CO_2 将由实际发生的反应结果来决定。在此温度范围内，若气体处于常压而碳表面的氧浓度又很大时，其反应也接近一级反应。

2. 碳和二氧化碳的反应

碳和二氧化碳的反应是一个吸热反应，反应式如下：

$$C + CO_2 \longrightarrow 2CO + 162kJ$$

这个反应和碳与氧的反应一样，也是 CO_2 首先吸附到碳的晶体上形成络合物，然后络合物分解成 CO，并解吸离开碳表面。由于 CO_2 的化学吸附活化能比氧的溶解活化能大得多，因此只有在温度很高时，这一反应才显著起来。碳和二氧化碳的反应亦是一种碳的气

化反应 (或二氧化碳的还原反应)，它是煤气发生炉中的主要化学反应。温度达到 800°C 时反应速度才比较显著。到温度很高时 (2400°C 左右)，它的反应速度常数可超过碳氧化反应的速度常数。其总的反应是一级反应，即

$$\bar{\omega}_{CO_2} = K_{CO_2} \rho_{CO_2,0}$$

式中，K_{CO_2} 为气化反应的速度常数，$\rho_{CO_2,0}$ 为碳表面上二氧化碳的浓度。

由于碳在燃烧过程中，周围气体既有氧气又有二氧化碳，因此它既可进行氧化反应，又可进行气化反应。那么这两种反应究竟哪一种速度快呢？比较两种反应的活化能和反应速度常数可以知道，碳和氧氧化反应的活化能较小 ($8.4 \times 10^4 \sim 16 \times 10^4 \text{kJ/mol}$)，碳与二氧化碳气化反应的活化能较大 ($16.8 \times 10^4 \sim 31 \times 10^4 \text{kJ/mol}$)，两者速度常数的比较如图 7-4 所示。由图可知，氧化反应速度常数在 1200~1500°C 范围内比气化反应速度常数要大 10~30 倍。因此在一般反应温度下，氧化反应的速度要快得多。

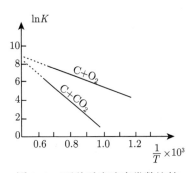

图 7-4   两种反应速度常数比较

如果考虑反应时碳周围氧和二氧化碳浓度的影响，那么气化反应要有利一些，因为通常在碳的表面上二氧化碳的浓度比氧的浓度要大，在碳的燃尽阶段，氧已燃烧殆尽，而二氧化碳浓度相对比较显著，对气化反应就更为有利。因此在温度较高时，碳粒表面上的气化反应比氧化反应迅速，碳主要是靠气化反应烧掉的。

需要指出，碳的氧化反应是强烈的放热反应。氧化反应得到强化，放热更多，温度升高，反应更趋强烈。也就是说，氧化反应的强化是自我促进的，而碳的气化反应则与此相反，它是强烈自我抑制的。这是在碳粒燃尽阶段，强化燃尽时所应该注意的。

3. 碳与水蒸气的反应

碳和水蒸气的反应是水煤气发生炉中的主要反应。其反应如下：

$$C + H_2O \longrightarrow CO + H_2 + 123 \times 10^2 \text{kJ}$$

上述反应与碳的气化反应十分类似，同样为吸热反应。反应级数为一级，活化能比气化反应的活化能大，约为 $37.6 \times 10^4 \text{kJ/mol}$。反应进行过程中水蒸气也是经过吸附、络合与分解一系列环节才完成水煤气的生成的。

由于碳与水蒸气的反应活化能很大，因此要到温度很高时反应才会以显著的速度进行。需要指出，碳与水蒸气反应的活化能比碳与二氧化碳反应的活化能大，它的反应速度也比

碳与二氧化碳反应的速度大。这是因为这两个反应的快慢不仅与反应速度有关，而且与扩散速度有关。根据分子物理学，分子量越小的气体分子，其扩散系数比分子量大的要大。所以水蒸气的扩散系数比二氧化碳的大。氢的扩散系数又远比一氧化碳的大。于是碳与水蒸气反应和碳与二氧化碳的反应比较，前一个反应中的反应物扩散到碳表面的速度比后一个反应来得迅速，反应产物扩散离开碳表面的速度比后一个反应快。因此，碳粒与水蒸气反应的速度反而比与二氧化碳反应的速度来得快了。

4. 一氧化碳的分解反应

一氧化碳的分解反应，实际上是上述碳的气化反应的逆反应，即

$$2CO \longrightarrow CO_2 + C - 162kJ$$

这个反应会导致碳的析出，因而也是一个重要问题。

上述反应是一放热反应。根据平衡原理知道，温度升高时平衡向左移动。因而在温度很高时，一氧化碳不会分解产生碳。温度较低时，反应速度太低，也不会析出碳。当温度在 $200 \sim 1000^\circ C$ 的范围内，一氧化碳才可以分解并析出碳。分解反应的速度在 $450 \sim 600^\circ C$ 达到最大。

7.3.3　影响碳粒燃烧的因素

1. 多孔性对碳粒燃烧的影响

前面的讨论是假设碳粒内部很密实，表面平滑且反应不能渗入内部的情况。实际上碳是一种多孔性物质，因此反应不仅在外表面进行，而且在碳的内部也进行。据估计，木炭内部的反应表面积为 $57 \sim 114 cm^2/cm^3$，电极碳为 $70 \sim 500 cm^2/cm^3$，无烟煤为 $100 cm^2/cm^3$。这些数据表明，内部表面对反应的影响是不可忽视的。

当温度较低时，碳和氧只有一次反应，且反应速率很慢，此时氧向碳粒孔隙内部的扩散速率远大于碳粒孔隙内表面上的反应速率，因此内表面上各处的氧浓度都相同，且等于碳粒外表面的氧浓度 $C_{O_2,0}$。若每单位体积碳粒所含内部孔隙的表面积为 S_i，则对半径为 r 的碳粒球体，其内外表面积 (设外表面积为 $S = \pi r^2$) 之和为

$$S + \frac{4}{3}\pi r^3 S_i = S\left(1 + \frac{S_i r}{3}\right)$$

因此碳球的总反应速率为

$$G_{O_2} = S\left(1 + \frac{r}{3}S_i\right)K_{O_2}C_{O_2,0} = SK^*_{O_2}C_{O_2,0} \tag{7-9}$$

式中，K^* 为包括了对应内表面的碳球的总反应速度常数。

当碳球温度很高时，碳和氧的反应速度很快，因此氧向碳球内部的扩散速率远小于碳球内部化学反应的需要。这时内表面上氧浓度接近于零，也就是碳球内表面停止了碳和氧的一次反应。只有碳球外表面能和氧发生反应。于是氧在碳表面上的总反应速度就变成

$$G_{O_2} = SK^*_{O_2}C_{O_2,0} = SK_{O_2}C_{O_2,0} \tag{7-10}$$

亦即，在碳球温度很高时，$K_{O_2}^* = K_{O_2}$。

由此可知，当燃烧温度由低温变到高温时，碳球总反应速度常数 $K_{O_2}^*$ 比 K_{O_2} 大的那部分值将从 $\frac{r}{3}S_i K_{O_2}$ 降低到零。如果用 $K_{O_2}^*$ 比 K_{O_2} 增大的倍数来表示则必在 $\frac{r}{3}S_i$ 到零之间，或者写为 εS_i，并有

$$0 \leqslant \varepsilon \leqslant \frac{r}{3}$$

ε 称为反应的有效渗透深度。当温度较低，氧能完全渗入碳球内部，使内外表面各处氧浓度均为 $C_{O_2,0}$ 时，有效渗透深度 $\varepsilon = r/3$。当温度很高，氧完全不能渗入碳球内部，反应只能在碳球外表面进行时，有效渗透深度 $\varepsilon = 0$。因此一般情况下，总反应速度常数可以写为

$$K_{O_2}^* = K_{O_2}(1 + \varepsilon S_i) \tag{7-11}$$

因此在同时考虑了碳粒内外表面后，碳的总反应速度用氧的消耗速率表示时可以写成

$$g_{O_2} = K_{O_2}^* C_{O_2,0} = K_{O_2}(1 + \varepsilon S_i)C_{O_2,0} \tag{7-12}$$

式 (7-12) 还未考虑碳粒外部扩散的影响。既考虑了碳粒内外扩散作用，又考虑了内外表面上化学反应影响的化学反应速度可表示为

$$g_{O_2} = \frac{C_{O_2,\infty}}{\dfrac{1}{\alpha_D^*} + \dfrac{1}{K_{O_2}(1 + \varepsilon S_i)}} \tag{7-13}$$

2. 二次反应对碳粒燃烧的影响

碳与氧的燃烧反应，不仅有碳和氧直接接触发生的一次反应，而且有一次反应产物 CO 和 CO_2 所进行的二次反应。这些反应在不同温度下以不同的方式结合，组成碳粒的燃烧过程。我们可以把碳和氧燃烧过程中发生的反应归纳为以下几个反应：

$$\text{表面反应} \begin{cases} \text{一次反应 (a)} & C + O_2 \longrightarrow CO_2 \\ \text{一次反应 (b)} & 2C + O_2 \longrightarrow 2CO \\ \text{二次反应 (c)} & C + CO_2 \longrightarrow 2CO \end{cases}$$

$$\text{空间反应：二次反应 (d)} \quad CO + \frac{1}{2}O_2 \longrightarrow CO_2$$

上述反应在不同温度下有着不同的反应速度，从而使碳粒的燃烧过程变得复杂。当温度低于 800℃ 时，碳球的燃烧机理如图 7-5(a) 所示。氧扩散到碳球表面，可同时生成 CO_2 和 CO，即

$$4C + 3O_2 \longrightarrow 2CO_2 + 2CO$$

生成的 CO_2 和 CO 浓度相等，并向远处扩散出去。由于温度不高，CO_2 和碳之间还不能发生气化反应，CO 也不能与氧在空间燃烧，因此氧的浓度由远处向碳球表面一路递减。此时碳粒燃烧主要是一次反应，二次反应的影响很小。

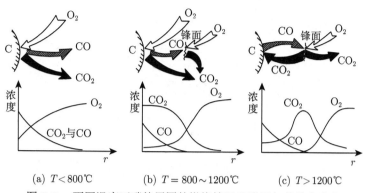

(a) $T < 800℃$　　　　(b) $T = 800 \sim 1200℃$　　　　(c) $T > 1200℃$

图 7-5　不同温度下碳粒周围的燃烧情况及附近气体浓度分布

当温度较高 ($800 \sim 1200℃$) 时，一次反应生成 CO_2 和 CO 仍如上述。生成的 CO_2 仍不能与碳发生气化反应，而生成的 CO 在离开碳表面后有可能与扩散进来的氧气发生二次反应生成 CO_2。在碳粒附近形成了 CO 进行空间燃烧的火焰锋面。此时只有与 CO 燃烧后剩余的氧才能继续扩散到碳粒表面，碳粒表面生成的 CO_2 在扩散途中又汇合了 CO 空间燃烧生成的 CO_2 向远处扩散。其燃烧情况如图 7-5(b) 所示。

当温度大于 $1200℃$ 时，碳粒表面的反应随温度升高而加速。这时反应转向

$$3C + 2O_2 \longrightarrow CO_2 + 2CO$$

因此 CO 的生成显著增加。另一方面，气化反应

$$CO_2 + C \longrightarrow 2CO$$

也因温度升高而开始显著进行。因此 CO 向外扩散的质量流率显著增加，并有可能把远处扩散进来的氧完全消耗掉，生成 CO_2。这样便使 CO_2 的浓度在离开碳粒表面很短距离处达到了最大值，并同时向远处和碳粒表面扩散，如图 7-5(c) 所示。这样，在温度较高时，由于碳粒表面得不到氧而只能进行气化反应。这时的 CO_2 实际上是起了向碳粒表面输送化合状态氧的作用，而使碳气化。碳的燃烧实际上是由空间反应与表面的气化反应所决定，即

$$CO + \frac{1}{2}O_2 \longrightarrow CO_2$$
$$CO_2 + C \longrightarrow 2CO$$

综上所述，由于碳气化反应的活化能比碳氧化反应的活化能要大得多，因此在温度较低时，气化反应很不显著，碳的燃烧主要是氧化反应在起作用。但在高温时气化反应的反应速率很快增加。当温度超过 $1000℃$ 时氧化反应会由动力控制的燃烧转变为扩散控制的燃烧，并且产生的 CO 在空间的燃烧会促使反应温度进一步升高，这一方面会消耗更多的氧，使得最终在碳表面上的氧化反应不能进行；另一方面却加速了碳表面的气化反应，最终使碳的气化反应成为主要反应。这种反应区域会随温度而转变的曲线描述，如图 7-6 所示。

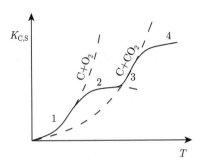

图 7-6　碳粒燃烧工况随温度的变化

由图可知，当温度不高时，燃烧按氧化反应的动力燃烧曲线 1 进行。在温度升高后，燃烧转入按氧化反应的扩散燃烧曲线 2 进行。图中右边虚线表示碳在气化反应动力控制时的反应速度曲线，当温度不高时其反应速度不大，但当温度很高时，氧不能扩散到碳表面，这时燃烧速度只取决于碳气化反应的速度。燃烧过程即转入了碳气化反应的动力区，即沿曲线 3 进行。如果温度继续上升，反应也应转入碳气化反应的扩散区而沿着曲线 4 进行。

上面讨论的是碳粒在静止气流或气流速度很低时 (Re <100) 的燃烧情况。此时燃烧在碳粒四周均匀地进行，在燃烧过程中碳粒仍保持着原有的球形。当气流速度提高时 (Re >100)，不仅湍流交换加强，而且燃烧机理也会改变。此时碳粒表面附近的燃烧情况如图 7-7 所示。由图可以看出，在碳球迎风面发生碳和氧的一次反应，产生 CO_2 和 CO，由于气流的冲刷，CO 来不及与氧进行空间反应就会被气流带走。这些 CO 流到碳球尾迹回流区的边缘时，如果 CO 的浓度已经足够高，再加上回流区的稳焰作用，就会在碳球尾迹处形成 CO 的火焰面。碳球背风面的回流区被 CO 火焰包围，得不到氧的补充，因此回流区中充满了 CO_2 和 CO。如果温度足够高，CO_2 就会在碳球背风面和碳发生气化反应。如果温度不够高，低于 1200°C，CO_2 的气化反应不显著，则碳球的背风面将不参与燃烧。

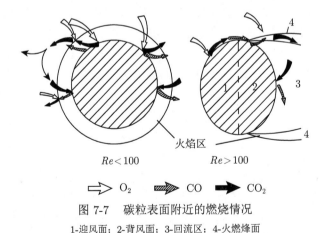

图 7-7　碳粒表面附近的燃烧情况
1-迎风面；2-背风面；3-回流区；4-火燃烽面

无论碳球的背风面是否参与燃烧，只要迎风面的温度足够高，使燃烧成为扩散控制，气流的冲刷作用就会使燃烧过程大大强化，即提高气流的相对速度可以强化燃烧过程。这种不均匀的燃烧使得碳粒不能保持原来的球形。燃料颗粒在层燃炉中的燃烧属于这种情况。

当温度低于 700℃，燃烧处于动力控制时，燃烧速率取决于碳球内外表面的化学反应速度。这时提高温度才能强化燃烧，而提高空气和碳球的相对速度却不会使燃烧过程得到强化。

3. 灰分对碳燃烧的影响

碳燃烧时生成的 CO_2(或 CO)，从碳表面解吸逸走后，残存的固态灰分往往形成一层多孔的覆盖层。这层惰性覆盖层对更里层的碳的燃烧构成了附加的扩散阻力，从而妨碍了碳的燃尽。灰层扩散阻力的大小，取决于灰层的厚度、密度等物理因素。

为了近似地估计碳表面上生成灰层对燃烧速度的影响，我们对平面碳板的燃烧进行研究。假设：

(1) 燃烧过程是一维稳定过程；

(2) 灰分在碳板中均匀分布；

(3) 燃烧时的含灰碳板的温度为定值；

(4) 燃烧反应只在灰层和碳板的界面上进行，不考虑内部燃烧。

取碳板厚度为 $2d$，坐标原点在碳板中心，如图 7-8 所示。在稳定情况下，单位时间通过单位面积的氧扩散量等于碳反应的消耗量，亦即反应速度可表示为

$$g_{O_2} = \alpha_D(C_{O_2,\infty} - C'_{O_2,0}) = D_{灰}\frac{C'_{O_2,0} - C_{O_2,0}}{x} = KC_{O_2,0} = K'C_{O_2,\infty}$$

式中，$C_{O_2,\infty}$ 为周围介质中氧的浓度；$C'_{O_2,0}$ 为灰层表面氧的浓度；$C_{O_2,0}$ 为碳层表面氧的浓度；$D_{灰}$ 为氧在灰层中的扩散系数。经过变换，上式可以表示为

$$g_{O_2} = \frac{C_{O_2,\infty}}{\dfrac{1}{\alpha_D} + \dfrac{x}{D_{灰}} + \dfrac{1}{K}} \tag{7-14}$$

即

$$\frac{1}{K'} = \frac{1}{\alpha_D} + \frac{x}{D_{灰}} + \frac{1}{K} \tag{7-15}$$

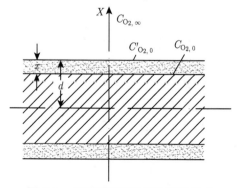

图 7-8　平面碳板燃烧时灰层的形成

可见，含灰层燃烧时，反应物质交换总阻力等于反应气体到达燃烧外表面的扩散阻力、气体通过灰层的扩散阻力和燃烧表面上化学反应阻力之和。另一方面，因为平面碳板氧的消耗速度与碳的燃尽速度有下列关系：

$$g_C = \frac{g_{O_2}}{\beta} = \rho_C \frac{dx}{d\tau}$$

因此

$$\frac{C_{O_2,\infty}}{\beta\left[\dfrac{1}{\alpha_D} + \dfrac{x}{D_{灰}} + \dfrac{1}{K}\right]} = \rho_C \frac{dx}{d\tau}$$

积分上式，当 $\tau=0$ 时，$x=0$。$\tau=\tau$ 时，$x=x$。因此

$$\tau = \frac{\rho_C x \beta}{C_{O_2,\infty}}\left[\frac{1}{\alpha_D} + \frac{x}{2D_{灰}} + \frac{1}{K}\right] \tag{7-16}$$

当 $x=d$ 时，τ 为完全燃烧时间 τ_b，即

$$\tau_b = \frac{\rho_C \beta d}{C_{O_2,\infty}}\left[\frac{1}{\alpha_D} + \frac{d}{2D_{灰}} + \frac{1}{K}\right] \tag{7-17}$$

从式 (7-17) 可知，灰层达到一定厚度后，灰层中的扩散阻力远大于外部扩散阻力和化学反应阻力。此时燃烧过程将处于扩散工况 (即燃烧速度取决于灰层中的扩散速度)，燃尽时间与灰层厚度的平方成正比。当灰层厚度很小 (相当于开始燃烧瞬间)，且温度较低时，化学反应阻力远大于外部扩散阻力及灰层中的扩散阻力。过程处于外部动力燃烧。此时燃尽时间与灰层厚度成正比，如果在开始燃烧瞬间，温度很高，那么随着时间的增加，燃烧将从以外部扩散阻力为主的情况转移到以灰层内部扩散为主的情况。燃尽时间亦将从与灰层厚度成正比关系转移为与灰层厚度的平方成正比关系。

习　　题

7.1　煤的化学组成元素有哪些？其中可燃质与可燃元素分别是什么？煤的工业分析组成与步骤又有哪些？

7.2　什么是表观速率常数？其物理含义是什么？

7.3　阐述气固两相燃烧与气液两相燃烧的不同之处。

7.4　碳在燃烧过程中温度往往由低到高地变化，画出碳的燃烧速率随时间 (温度) 的变化规律，分析其内在的控制机制。

第8章 燃烧污染物排放与控制

燃烧过程中将会向大气中排放污染物，这给人体健康与环境带来严重的影响，控制污染物排放是现代燃烧系统设计中必须要考虑的主要问题之一，同时也是促进燃烧技术不断发展与进步的重要因素。本章将就燃烧产生的大气污染、污染物排放的定量描述以及污染物生成机制与控制方法等进行讨论。

8.1 燃烧产生的污染物及其危害

由燃烧产生的污染物包括碳氧化合物 (CO、CO_2)、氮氧化合物 (NO、NO_2)、硫氧化合物 (SO_2、SO_3)、未燃碳氢化合物 (UHC) 以及飞灰、烟尘等。表 8-1 给出受到关注的燃烧产生的或相关的空气污染物情况。

表 8-1 受到关注的燃烧产生的或相关的空气污染物

国际条约/美国标准	燃烧产生的或相关的空气污染物
地区/区域空气质量 (《国家环境空气质量标准》)	标准污染物：颗粒物 (PM_{10}), O_3, NO_2, SO_2, CO, Pb
空气中有毒物/危险空气污染物 (《1990 清洁空气修正法案》)	189 种物质：选择性脂肪族、芳香烃和多环芳烃；选择性卤代烃；各种氧化有机物；其他
温室效应/全球变暖 (《京都议定书》, 1997)	CO_2, CH_4, N_2O, 平流层水分, 对流层与平流层臭氧, 碳烟, 硫酸盐
平流层臭氧破坏 (《蒙特利尔议定书》, 1987)	CH_4, N_2O, CH_3Cl, CH_3Br, 平流层水分, 对流层臭氧
国际民航组织 (ICAO)(《航空发动机的排放》标准, 1996)	CO, UHC, 冒烟, NO_x

空气污染物分为一次污染物 (直接从源头排放出来的) 和二次污染物 (由一次污染物在大气中通过化学反应衍生的)，它们在许多方面影响着人类生存环境与身体健康，在大气对流层内空气污染物的危害主要体现在以下几个方面。

(1) 改变大气与降水的特性。因燃烧而污染的空气中会出现碳类颗粒物、硫酸盐、硝酸盐、有机化合物以及二氧化氮等污染物，它们会降低大气能见度，降低太阳辐射，改变温度和风力分布等；燃烧排放导致空气中 SO_2、NO_x 浓度过高，形成硫酸、硝酸液滴并进一步凝结成核，造成雾和降雨增多。

(2) 破坏植被，损坏各种露天的材料。空气污染物中 SO_2、硝酸过氧化乙酰 (PAN)、C_2H_4 等，会破坏植被中的叶绿素进而中断光合作用；酸雨以及具有酸性或碱性的颗粒会腐蚀露天的金属材料、石雕、电路以及编织品等，对湖泊、土壤也有影响。

(3) 提高人类发病率与死亡率。空气污染物会加重呼吸系统疾病，如急性和慢性支气管炎以及肺气肿的发作都与空气中 SO_2 和颗粒物有关；NO_x、CO 均为有毒物质；1952 年英国伦敦发生光化学烟雾空气污染事件，造成大量人员死亡，其中的主要污染物有臭氧、有机硝酸盐、氧化碳氢化合物和光化学气溶胶等，另外光化学烟雾的二次污染还会导致眼睛受刺激，甚至失明等。

8.2 污染物排放的定量描述

为了确定污染物的排放水平，必须对污染物排放进行定量描述，而最简单、最直观的方法就是以污染物浓度来描述。空气污染物浓度常有两种表示方法。第一种方法是以气体污染物占体积的百万分之一 (体积比 $\times 10^6$) 来表示，缩写为 ppm。第二种方法是根据单位体积空气中颗粒物的质量来表示，由于空气体积受压力、温度的影响，为了便于比较，常采用标准状态下的空气体积，颗粒污染物的浓度单位为 mg/m^3。

实际应用中由于技术上的不同，不同领域或系统的污染物的定量描述常带有其特殊性，有时很难进行相互比较，如机动车的排放常用 g/mi(1mi=1.609344km) 表示，民用锅炉排放用 $lb/10^6Btu$(1lb=0.454kg, 1Btu=1054.35J) 表示，许多微量测量都用某个氧量值下的 ppm 表示等。下面列出几个实际应用中最常用的污染物排放的定量描述方法。

8.2.1 排放因子

组分 i 的质量与燃烧过程中所消耗的质量的比，称为组分 i 的排放因子，即

$$EI_i = \frac{m_{i,\text{emitted}}}{m_{F,\text{burned}}} \tag{8-1}$$

排放因子是一个无量纲量，为了避免其数值太小，常用 g/kg、g/lb 这样的单位。在实践中排放因子常表达为每燃烧单位质量的燃料所产生污染物的量，体现了特定燃烧过程产生特定污染物的效率，它与实际应用设备无关。

对于碳氢化合物 C_xH_y 在空气中的燃烧，排放因子还可以由指定测量的组分浓度 (摩尔浓度) 和燃烧产物所有含碳组分的浓度来决定。假设燃烧产物中所有的碳都在 CO_2 和 CO 中，则排放因子可以表示为

$$EI_i = \left(\frac{\chi_i}{\chi_{CO} + \chi_{CO_2}}\right)\left(\frac{xM_i}{M_F}\right) \tag{8-2}$$

式中，χ 为摩尔分数；x 为燃料中 C 元素物质的量；M 为摩尔质量；下标 F 为燃料。

8.2.2 干湿成分与折算浓度

在有些实际应用中，排放浓度常被折算为燃烧产物中特定氧量下的值，目的是排除各种稀释情况的影响，从而能够对污染物排放进行客观的比较，且仍可使用类似摩尔分数的

变量形式。假定燃烧过程中当量比 $\phi \leqslant 1$，此时只有痕量的 CO、H_2 和污染物生成。燃烧化学平衡式可表示为

$$C_x H_y + aO_2 + 3.76aN_2 \longrightarrow xCO_2 + (y/2)H_2O + bO_2 + 3.76aN_2 + 痕量组分 \tag{8-3}$$

燃烧产物分析时有时会将其中的水分去除，因此任意组分均有 "湿" 和 "干" 浓度之分，它们可表示为

$$\chi_{i,干} = \frac{n_i}{n_{\mathrm{mix},干}} = \frac{n_i}{x + b + 3.76a} \tag{8-4a}$$

$$\chi_{i,湿} = \frac{n_i}{n_{\mathrm{mix},湿}} = \frac{n_i}{x + y/2 + b + 3.76a} \tag{8-4b}$$

显然有

$$\chi_{i,干} n_{\mathrm{mix},干} = \chi_{i,湿} n_{\mathrm{mix},湿}$$

$$\chi_{i,干} = \chi_{i,湿} \frac{n_{\mathrm{mix},湿}}{n_{\mathrm{mix},干}} \tag{8-5}$$

式 (8-5) 是干、湿浓度换算公式。

下面进行浓度折算，即将实际测得的污染物摩尔分数用折算到特定氧气摩尔分数下该污染物的摩尔分数来表示。折算公式可表示为

$$\chi_i \left(折算氧气浓度\ 2\right) = \chi_i \left(实测氧气浓度\ 1\right) \frac{n_{\mathrm{mix},O_2\text{-}1}}{n_{\mathrm{mix},O_2\text{-}2}} \tag{8-6}$$

式中，混气物质的量有干、湿浓度之分。

以燃料与空气燃烧排放出的 NO_x 为例，不同基准含氧量的 NO_x 值换算公式可简化为

$$(NO_x)_{折算值} = (NO_x)_{测量值} \frac{20.9 - (O_2\%)_{折算值}}{20.9 - (O_2\%)_{测量值}} \tag{8-7}$$

式中的 20.9 指空气中氧气的体积分数。

假设在含氧量 2% 的烟气中测得的 NO_x 为 150ppm，折算到 5% 含氧量下的 NO_x 含量为

$$(NO_x)_{5\%O_2} = 150 \times \frac{20.9 - 5}{20.9 - 2} = 126.2\text{ppm}$$

8.2.3　各种特定的排放测量

在火花点火发动机和柴油机的测功试验中，污染物排放常表示为

$$比质量排放\ (MSE) = \frac{污染物的质量流量}{制动力} \tag{8-8}$$

式中，比质量排放的典型单位是 g/(kW·h)，或者混合单位 g/(hp·h)(1hp·h=2.68452×10^6J)。比质量排放与排放因子的关系为

$$(MSE)_i = \dot{m}_F EI_i / \dot{W} \tag{8-9}$$

式中，$\dot{m}_F$ 是燃料的质量流量；$\dot{W}$ 是输出功率。

另一种常用的比排放量计量是污染物排放量与燃料所提供能量之比，即

$$\frac{\dot{m}_i}{\dot{Q}} = \mathrm{EI}_i/\Delta h_c \tag{8-10}$$

式中，Δh_c 为燃料热值。这个比值的常用单位是 g/MJ。

其他种类的排放计量可能会要求规定试验循环内特定的加权平均。比如用车辆的驱动循环来测量排放量，单位为 g/mi (1mi = 1609.344m)，飞机发动机用测试循环来测量排放水平，单位为 lb/(10^3 推力·h循环)。

8.3 燃烧污染物生成

燃烧所排放的污染物主要有五种：氮氧化合物、一氧化碳、硫氧化合物、碳氢化合物 (包括未燃烧的与部分燃烧的) 和颗粒排放物。燃烧组织过程中各种物理化学过程以及流动、传热传质等都会影响污染物的排放特性。这里主要讨论氮氧化合物、一氧化碳、未燃碳氢化合物以及烟尘的生成机制。

8.3.1 氮氧化合物的生成

实际燃烧系统一般都是以空气为氧化剂，燃烧过程中空气中的氮分子和燃料中的含氮化合物，与空气中的氧气进行化合反应生成 NO、NO_2 和微量 N_2O。常把 NO 和 NO_2 合称为 NO_x，其中 NO 占 95%，NO_2 仅占 5%，且通常由 NO 转化而来。目前的燃烧系统中，NO 的反应机制主要有三种：热力型 NO、瞬发型 NO 以及燃料型 NO。

热力型 NO 通常是空气中氮气分子在高温条件下氧化生成的，因为对温度比较敏感，故称为热力型 NO，其机理是泽尔多维奇在 1946 年研究贫燃料燃烧时提出来的，所以也称为泽尔多维奇机理，它包含下列两个链式反应：

$$\mathrm{O} + \mathrm{N}_2 \underset{k_2}{\overset{k_1}{\rightleftharpoons}} \mathrm{NO} + \mathrm{N} \tag{8-11}$$

$$\mathrm{N} + \mathrm{O}_2 \underset{k_1}{\overset{k_2}{\rightleftharpoons}} \mathrm{NO} + \mathrm{O} \tag{8-12}$$

泽尔多维奇机理中 NO 的产生主要源于式 (8-11) 的正向反应，该正向反应的活化能很高，E=314kJ/mol，导致温度对反应速率的影响很大，当温度在 1800K 以上时，NO 的生成率与温度呈指数关系，如图 8-1 所示。当温度低于 1800K 时，热力型 NO 的份额很小。此外该反应比燃烧速率慢，通常在火焰锋面后部烟气区发生。

根据化学反应动力学理论，可得到 NO 的生成速率，即

$$\frac{\mathrm{d[NO]}}{\mathrm{d}t} = 2\frac{k_1 k_2 [\mathrm{O}] [\mathrm{O}_2] [\mathrm{N}_2] - k_{-1} k_{-2} [\mathrm{NO}]^2 [\mathrm{O}]}{k_2 [\mathrm{O}_2] + k_{-1} [\mathrm{NO}]}$$

为了表示 NO 与主组分 O_2、N_2 的关系，上式还可简化为

$$\frac{\mathrm{d[NO]}}{\mathrm{d}t} = k_f [\mathrm{O}_2]^{1/2} [\mathrm{N}_2] - k_b [\mathrm{NO}]^2 [\mathrm{O}_2]^{-1/2} \tag{8-13}$$

式中，$k_f = 9 \times 10^{14} \exp(-135000/T)$；$k_b = 4.1 \times 10^{13} \exp(-91000/T)$。

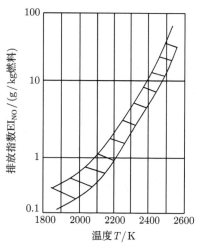

图 8-1　热力型 NO 生成与反应温度的关系

　　泽尔多维奇机理对贫燃料状态计算的结果与试验结果相符较好，而富燃料状态时相差较大，这是因为富燃料状态下热力型 NO 生成还与系统中大量的 OH 基团有关。为此费尼莫尔 (Fenimore) 对富燃料燃烧时作了进一步扩展，加入了下列反应：

$$N + OH \underset{k_3}{\overset{k_{-3}}{\rightleftharpoons}} NO + H \qquad (8-14)$$

式 (8-11)、式 (8-12) 以及式 (8-14) 三个反应式构成扩展的泽尔多维奇机理。

　　此时的 NO 生成速率可表示为

$$\frac{d[NO]}{dt} = 2k_1[N_2][O] \frac{1 - [NO]^2/(K[O_2][N_2])}{1 + k_1[NO]/(k_2[O_2] + k_3[OH])} \qquad (8-15)$$

式中，$K = \dfrac{k_1 k_2}{k_{-1} k_{-2}}$。各化学反应对应的速率常数如表 8-2。

表 8-2　扩展的泽尔多维奇机理反应速率常数 　　　　　　(单位：$m^3/kmol \cdot s$)

k_1	$1.8 \times 10^{11} \exp(-38370/T)$
k_{-1}	$3.8 \times 10^{10} \exp(-425/T)$
k_2	$1.8 \times 10^7 T \exp(-4680/T)$
k_{-2}	$3.8 \times 10^6 T \exp(-20820/T)$
k_3	$7.1 \times 10^{10} \exp(-450/T)$
k_{-3}	$1.7 \times 10^{11} \exp(-24560/T)$

　　瞬发型 NO 的生成机理是费尼莫尔提出来的，也称费尼莫尔机理。费尼莫尔最早发现 NO 在层流预混火焰的火焰区域中快速产生，且在热力型 NO 形成之前就已形成，因此称之为瞬发型 NO，或快速型 NO。图 8-2 给出甲烷/空气预混火焰中 NO 分布随当量比变化情况。如图所示，预混气在火焰区内的驻留时间约 4ms，在火焰面的后半段，NO 快速生

成, 且 NO 生成量随当量比 ϕ 增长而增长。瞬发型 NO 的生成是由于碳氢自由基与氮分子反应形成胺或氰基化合物, 然后进一步转变形成中间体, 最终形成 NO。费尼莫尔机理可写成

$$CH + N_2 \Longleftrightarrow HCN + N \tag{8-16}$$

$$C + N_2 \Longleftrightarrow CN + N \tag{8-17}$$

式 (8-16) 是起始步骤, 也是整个过程中限制速率的步骤。在当量比小于 1.2 的情况下, 氰化氢 HCN 以下面的链式过程形成 NO:

$$HCN + O \Longleftrightarrow HCO + H \tag{8-18}$$

$$HCO + H \Longleftrightarrow NH + CO \tag{8-19}$$

$$NH + H \Longleftrightarrow N + H_2 \tag{8-20}$$

$$N + OH \Longleftrightarrow NO + H \tag{8-21}$$

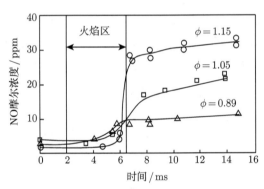

图 8-2   甲烷/空气预混火焰中 NO 的分布

当混气当量比大于 1.2 时, 开始出现其他途径, 化学反应变得更加复杂。Miller 和 Bowman 指出此时上述过程不再快速, NO 还会还原成 HCN, 从而阻止 NO 的生成。

燃料型 NO 指有些燃料在其分子结构中含有氮, 比如煤, 其氮的质量含量可达 2‰。含氮燃料在燃烧过程中, 燃料中的氮很快转化为氰化氢 HCN 和氨 NH_3, 之后的步骤与瞬发型 NO 机理相同。

NO_2 通常是 NO 进一步氧化而成的, 在燃烧产物进入大气之前形成 NO_2 的主要基元反应如下:

$$H + O_2 + M \Longleftrightarrow HO_2 + M \tag{8-22}$$

$$NO + HO_2 \Longleftrightarrow NO_2 + OH \tag{8-23}$$

式中, HO_2 自由基是在相应的低温下形成的, 然后 NO 通过流体混合从高温区扩散或输运到富有 HO_2 的区域而形成 NO_2。在高温下 NO_2 的消耗反应变得活跃, 从而阻止 NO_2 在高温下形成, 即

$$NO_2 + H \Longleftrightarrow NO + OH \tag{8-24}$$

$$NO_2 + O \Longleftrightarrow NO + O_2 \tag{8-25}$$

与 NO 相比，NO_2 的危害性更大，NO_2 在形成酸雨和光化学雾的过程中起着重要的作用。

8.3.2　CO 的生成

从化学动力学方面看，CO 的生成反应是碳氢燃料燃烧过程中的基本反应之一，一般认为碳氢燃料中 CO 的生成机理为

$$RCH + O \longrightarrow RCHO \tag{8-26}$$

$$RCHO \longrightarrow RCO + H \tag{8-27}$$

$$RCO \longrightarrow CO + R \tag{8-28}$$

$$RCO \xrightarrow{O_2/OH/O/H} CO + \cdots \tag{8-29}$$

式 (8-26)～式 (8-29) 可概括为：燃料分子 RCH 先被氧化成醛类物质 RCHO，再分解为酰类物质 RCO，酰基物质热解生成 CO 或被氧化成 CO。以甲烷燃烧为例，CO 的生成机理为

$$CH_4 + O \longrightarrow HCHO + 2H \tag{8-30}$$

$$HCHO \longrightarrow HCO + H \tag{8-31}$$

$$HCO \longrightarrow CO + H \tag{8-32}$$

$$HCO + OH \longrightarrow CO + H_2O \tag{8-33}$$

从实际应用上看，CO 通常是富燃料下的不完全燃烧的产物，比如航空发动机燃烧室主燃区常设计成富油，因为缺少氧气而不能完全燃烧成 CO_2，产生较多的 CO，有时主燃区设计成化学恰当比或稍贫油时也会出现大量的 CO，这是因为主燃区温度高使得 CO_2 高温分解。

同样 CO 也会通过化学反应消耗掉，CO 主要被氧化成 CO_2：

$$CO + \frac{1}{2}O_2 \longrightarrow CO_2 \tag{8-34}$$

$$2CO + 2OH \longrightarrow 2CO_2 + H_2 \tag{8-35}$$

$$CO + H_2O \longrightarrow CO_2 + H_2 \tag{8-36}$$

8.3.3 未燃碳氢化合物

未燃碳氢化合物或称未燃碳氢 (UHC)，它在预混燃烧设备中无须考虑，但火花点火发动机例外。以点燃式内燃机为例，未燃碳氢的排放与发动机工作参数如空燃比、点火时间、压缩比、燃烧室的几何形状、发动机转速等有关，其生成途径包括以下三个。

(1) 燃料的不完全燃烧。在内燃机怠速及高负荷工况下，混合气体过浓、过稀都会导致未燃碳氢浓度上升。当混合气体过浓、空气量不足时，燃烧不完全导致排气中未燃碳氢增加；当混合气体过稀或气缸内废气过多时，火焰可能无法传播到整个燃烧室，部分区域不能燃烧，导致未燃碳氢排放剧增。

(2) 壁面淬熄作用。内燃机正常运行时未燃碳氢的主要来源是气缸壁的淬熄层和气缸壁面缝隙处，如图 8-3 所示。内燃机正常运行时总体上燃烧完全度高，但在气缸壁附近 $0.005 \sim 0.03 \mathrm{cm}$ 厚的混合层内，气缸冷壁的散热以及火焰中活性自由基碰壁销毁导致火焰不能传播，即壁面的淬熄效应，此处混合层内燃料仅被加热但不燃烧，形成未燃碳氢，并残留在该层内，称此薄层为淬熄层。

(3) 狭缝效应。内燃机中未燃碳氢的另一个来源是活塞与气缸壁之间的缝隙，可燃混合气体挤入这些缝隙后，由于缝隙的容积小、表面积大，因而具有较大的熄火距离，火焰无法传播到缝隙中，称之为淬熄缝隙。这里最重要的缝隙是活塞与第一个活塞环上面的气缸壁之间的缝隙，如图 8-3 所示。

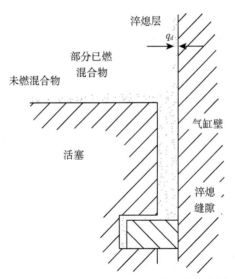

图 8-3   气缸内的淬熄层与淬熄缝隙示意图

图 8-4 概括了内燃机中未燃碳氢化合物的排放过程。如图 8-4(a) 所示，当火焰在燃烧室内熄灭时形成三个不同的淬熄层和淬熄缝隙。在膨胀行程的末尾，淬熄层扩张，在活塞顶部和气缸壁之间的淬熄体积中的气体膨胀，并延伸到气缸壁，此时排气阀打开，如图 8-4(b) 所示，靠近排气阀门头部和缸体壁间淬熄层内的未燃碳氢被气缸气体携带出气缸。在排气行程中，活塞向气缸上部运动，在气缸壁边界层中过剩的碳氢卷成一个旋涡，如图 8-4(c) 所示，在活塞接近上止点时，这种流体结构使未燃碳氢的浓度达到峰值。

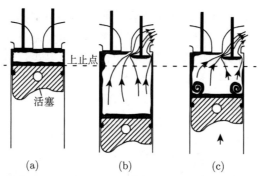

图 8-4　内燃机中未燃碳氢化合物的排放过程

8.3.4　烟尘的生成

燃料燃烧时生成的烟尘,按其生成机理可分为气相析出型烟尘、剩余型烟尘与粉尘三种,下面就它们的生成机理进行讨论。

1. 气相析出型烟尘

气相析出型烟尘来源于气相燃料,包括气体燃料、已蒸发的液体燃料和固体燃料中的挥发分气体,是在空气不足的高温条件下热分解所生成的固体烟尘,也常称为炭黑。其粒径很小,一般为 $0.02\sim0.05\mu m$。火焰中出现炭黑后其辐射力增强,发出亮光形成发光焰。炭黑颗粒很细,容易黏附在物体上,难以清除。

气相析出型烟尘是经过一系列脱氢聚合反应而生成的。甲烷在缺氧条件下进行的热分解反应为

$$CH_4 \longrightarrow C + 2H_2 \tag{8-37}$$

乙烷的热分解反应为

$$C_2H_6 \longrightarrow C_2H_4 + H_2 \tag{8-38}$$

$$C_2H_6 \longrightarrow 2C + 3H_2 \tag{8-39}$$

生成的乙烯继续分解

$$3C_2H_4 \longrightarrow \underset{\downarrow 多环芳烃\ \longrightarrow C}{C_6H_6 + 3H_2} \tag{8-40}$$

$$C_2H_4 \longrightarrow \underset{\downarrow H_2 + 2C}{C_2H_2 + H_2} \tag{8-41}$$

在温度刚超过 500℃ 时乙烯经多环芳烃中间阶段产生炭黑,当温度达到 900~1100℃ 及以上时则经乙炔中间阶段而产生炭黑。

2. 剩余型烟尘

剩余型烟尘是液体燃料燃烧时剩余的固体颗粒,常称之为油灰或烟焦,是由燃油液滴在高温下蒸发的同时,发生缩聚反应,一面激烈地发泡,一面固化,生成絮状空心微珠,粒径较大,一般为 100~300μm。

积炭也是剩余型烟尘，是燃油液滴附着在喷嘴、燃烧室壁面上时受高温加热氧化而剩下的固体残渣，其形状不定，颗粒较大。积炭量多少与火焰温度尤其是燃烧室壁面温度存在复杂的关系，温度升高既可能使积炭增加，也可能使之减少，最终取决于温度范围，以及燃油组分与特性。

3. 粉尘

粉尘是固体燃料燃烧时产生的飞灰，其主要成分是炭和灰。固体燃料在燃烧之后一部分变成炉渣，一部分以飞灰的形式排入大气中。通常煤种不同，锅炉排烟中粉尘浓度变化很大，当燃烧高灰分劣质煤时，其粉尘浓度要比燃烧低灰分优质煤高得多。

8.4 燃烧污染物控制

前面阐述了几种常见燃烧污染物的生成机理，要控制这些污染物的生成与排放不仅要掌握污染物的生成机理，还要结合具体的应用环境，本节以燃气轮机为主要对象，讨论影响污染物排放的因素与控制方法。

8.4.1 氮氧化合物控制

燃烧过程中产生的 NO_x 主要成分是 NO，NO_2 的含量较少，而且也是由 NO 进一步氧化而来，因此对燃烧过程中氮氧化合物排放的控制实际上主要是对 NO 生成的控制。由前述可知，NO 的生成机理有三种：热力型、瞬发型及燃料型。对于燃烧轻质油 (如航空煤油) 的燃气轮机而言，燃料型 NO 几乎为零，因此 NO 的主要来源是热力型与瞬发型，通常前者主要出现在高温贫油条件下，后者则主要出现在低温富油条件下。

过去针对燃气轮机污染物排放的大量研究表明，NO 的生成与发动机工作状态密切相关，并取决于燃烧室内主燃区当量比、停留时间以及火焰温度等。图 8-5 是燃烧室主燃区内混气当量比对 NO 生成率的影响。如图所示，混气当量比接近 1 时 NO 的生成率最高，而偏离 1 时无论是贫油还是富油，NO 的生成率均呈现下降的趋势。这时因为混气当量比为 1 时火焰温度最高，且氧气充足，因此 NO 的生成率最大。图 8-6 体现了火焰温度对

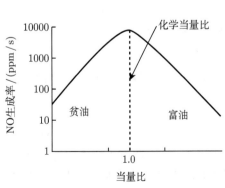

图 8-5 混气当量比对 NO 生成率的影响

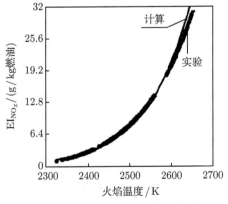

图 8-6 火焰温度对 NO 排放的影响

NO 排放的影响。如图所示，随着火焰温度的提高，NO 排放因子不断增大，且呈现指数增长的趋势。

由上可知，要降低 NO 的生成就必须降低燃烧区的温度，且要避免局部高温区的存在，另外缩短混气在高温区的停留时间也可以降低 NO 的生成。在燃气轮机中控制 NO 的具体措施包括：

(1) 主燃区设计为贫油。可加大进入主燃区的空气量，使主燃区处于贫油燃烧状态，从而降低主燃区内的火焰温度，进而降低 NO 的生成量。不过随着主燃区火焰温度的降低，不可避免地会使燃烧效率下降，不完全燃烧的比例增加，进而会增加 CO 与 HC 的排放，因此采用贫油主燃区的方法来降低 NO 排放时，必须综合考虑其他污染物的排放以及发动机的经济性。

(2) 均匀燃烧。在贫油主燃区的情况下，还要避免局部高温区的发生，这就需要有良好的雾化与掺混，从而使燃烧尽量均匀，消除局部热点，降低 NO 的生成速率。

(3) 减少混气在高温区的停留时间。提高主燃区内气流流动速度，缩短燃烧室长度，减少混气通过高温区的时间，降低 NO 的生成量。

(4) 喷水或喷蒸气。向主燃区喷少量的水可降低火焰温度，进而降低 NO 的生成。不过向主燃区喷入过多水也会降低燃烧效率、增加 CO 与 HC 的排放，且会引起燃烧噪声，影响燃烧室寿命。向主燃区喷入蒸气则是从另一个角度来降低 NO，比如喷入脱氧剂 (如氨)，可将 NO 转化成 N_2，从而减少 NO 排放。

(5) 燃气回流。将主燃区燃烧后的燃气再回流到主燃区，一方面可直接降低主燃区混气中氧气的浓度，另一方面燃气也可冷却降温后回流到主燃区，从而降低主燃区的火焰温度。以上两种状况均可以有效降低 NO 排放，但会增加 CO 的排放，并使燃烧室尺寸增大，结构也会更复杂。

8.4.2　CO 与 HC 的控制

CO 与 HC 均是不完全燃烧的产物，也都是燃料燃烧的中间产物。燃气轮机燃烧室中 CO 排放既可能是主燃区富油设计造成不完全燃烧引起的，也可能是主燃区高温使 CO_2 热解成的 CO 引起的。通常燃气轮机中 CO 的排放在低功率时达到最大，因为在此状态下燃烧室内气流温度与油气比均较低，且燃油雾化不好，混气停留时间短，导致燃烧速率低，不完全燃烧生成 CO 的量增大，而 CO 继续氧化成 CO_2 的量减少。HC 排放是碳氢化合物没有来得及反应就通过了燃烧室，在燃烧室出口它们一部分是以油珠或油蒸气存在，另一部分是燃油热分解成的小分子气体燃料，如甲烷、乙炔等。与 CO 一样，HC 产生的直接原因通常也是雾化不好，燃烧速率太低，燃烧室壁面冷却导致的燃烧骤熄等。燃气轮机中控制 CO 与 HC 的具体措施有：

(1) 采用空气雾化喷嘴或蒸发管取代压力雾化喷嘴，改善燃油雾化质量，提高燃烧速度。

(2) 燃烧室采用贫油主燃区设计，主燃区当量比接近最佳值，约为 0.7。

(3) 增加主燃区的容积或停留时间，提高燃烧效率。

(4) 减少气膜冷却空气量，提高火焰筒壁温，防止骤熄现象。

(5) 低功率运行时采用压气机放气的方法增加主燃区油气比与温度，减少 CO 与 HC 排放。图 8-7 为压气机放气对 CO 与 HC 排放的影响。

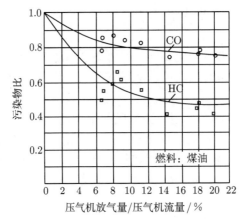

图 8-7　压气机放气对 CO 与 HC 排放的影响

(6) 分级供油、分区燃烧：在低功率条件下，减少喷嘴数目，减少燃烧区的容积，从而改善雾化，提高燃烧区局部油气比。

8.4.3　排气冒烟控制

燃气轮机排气冒烟的主要成分是微小烟粒 (尺寸 0.01~0.06μm)，它由 95% 的碳与氢、氧及其他成分组成，是在高温主燃区中局部富油区内生成的。对于燃气轮机而言，排气冒烟主要与燃料性质、燃烧室压力、温度、油气比、燃油雾化质量以及燃油喷嘴等有关。燃料中氢的含量或氢/碳比对排气冒烟有很大的影响，图 8-8 为燃料中含氢量对发烟指数的影响。此外，燃烧室压力、当量比对排气冒烟有重要的影响，如图 8-9 所示，当燃烧室压力低于 0.6MPa 时几乎无冒烟，当压力达到 1.1~2.1MPa 时，当量比大于 1.2 后冒烟随之增加，这是因为燃烧室压力增大使油珠平均直径加大，雾化锥角变小，穿透浓度降低，喷嘴附近的局部区域富油，使排气冒烟增加。

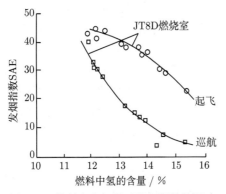

图 8-8　燃料中含氢量对发烟指数的影响

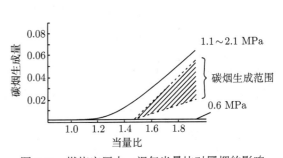

图 8-9　燃烧室压力、混气当量比对冒烟的影响

燃气轮机控制排气冒烟需从燃料与燃烧室设计两方面入手，具体措施有：

(1) 采用冒烟低的燃料。通常燃油中芳香烃含量较多时，氢含量或氢碳比就会降低，排气冒烟就会增大。因此采用芳香烃含量较少的燃料，或者在燃料中加入少量金属有机物作为添加剂，可减弱炭黑形成过程，或对已生成的炭黑产生催化作用，促使其氧化，从而抑制排气冒烟。

(2) 主燃区贫油设计。增加进入主燃区的空气量，稀释主燃区中的富油区，可有效抑制烟的生成。

(3) 改进燃油喷嘴。采用空气雾化喷嘴取代压力雾化喷嘴，使掺混均匀，防止局部富油区的产生，这不仅可抑制冒烟，而且对控制 CO、HC 和 NO 都有利。

习　　题

8.1　对一台内燃机排放物进行测量，所有成分干燥基下的摩尔分数如下：CO_2 为 12.47%，CO 为 0.12%，O_2 为 2.3%，UHC 为 367×10^{-6}，NO 为 76×10^{-6}。若以正己烷作为未燃烧碳氢化合物的等价物，计算未燃烧碳氢化合物的排放因子。

8.2　将习题 8.1 中 NO 浓度转换为湿基浓度 (摩尔分数)。

8.3　阐述热力型与瞬发型 NO 形成机理的区别。

8.4　液体燃料燃烧时可能会在燃烧室的壁面或燃烧器口产生积炭，试论述积炭与燃烧器内的炭黑生成有何异同。

第9章 现代燃烧技术的应用

前面我们介绍了燃烧学的基本概念与理论，本章把燃烧理论中阐述的基本概念和规律与工程中的燃烧问题结合起来，重点针对目前航空、航天等领域内的现代燃烧技术进行介绍和分析。

现代燃烧技术要求燃烧室应满足以下几方面的要求：

(1) 燃烧效率高。燃烧效率是表示燃料燃烧完全程度的指标，其含义是实际燃烧过程释放出的可用于热力过程的热量与理论上完全燃烧所释放的热量之比。这一指标主要体现燃烧装置的经济性。不同装置的燃烧效率差别很大，先进燃气轮机主燃烧室燃烧效率可达99%以上。

(2) 燃烧强度大。燃烧强度是表示单位时间内在燃烧室内放出热量多少的指标，以单位燃烧室容积计算时称为容积热强度。燃烧强度反映了燃烧室结构的紧凑性，该指标越高，燃烧室的体积越小。对于航空、航天发动机来说，这一指标具有极其重要的意义。

(3) 燃烧稳定性好。燃烧稳定性是表示燃烧过程合理性和可靠性的指标。当燃料和空气在规定的压力、温度下，以预定的流量送入燃烧室时，应当能正常着火，火焰分布合理，火焰面稳定，不发生熄火或回火，不发生破坏性的振荡，不出现超温或降温等情况。

(4) 安全性好，使用寿命长。这是表示燃烧装置能否长期可靠运行的指标。这一性质很大程度上取决于燃烧室的热强度、火焰或温度场分布及隔热保护条件，应根据燃烧装置的总体要求做出合理设计，以保证装置正常、安全工作，并尽量延长装置的使用寿命。

(5) 燃烧污染小。现在燃烧所造成的污染越来越受到人们的重视，污染物的排放量是考核一个燃烧装置性能的重要指标，有些地区和行业规定污染物超标的装置停止运行。因此，对于新设计的燃烧装置应当尽量降低污染物的排放。

为了满足以上这些要求，针对不同的应用目的设计了不同的燃烧装置结构。下面针对航空、航天动力系统内的燃烧技术进行逐一分析。

9.1 航空发动机燃烧技术

航空燃气轮机是航空发动机最主要的动力系统，包括涡轮喷气发动机、涡轮风扇发动机、涡轮螺旋桨发动机和涡轮轴发动机等 4 种类型，它们的核心部件都是由压气机、燃烧室和涡轮组成，称为核心机。核心机的工作原理是：压气机将吸入的空气压缩至初始压力的几倍甚至几十倍，高压空气进入燃烧室与喷入的燃料混合燃烧，生成的高温、高压气体在涡轮内膨胀并驱动涡轮做功带动压气机工作。

涡轮喷气发动机是核心机与喷管相结合，如图 9-1 所示，从核心机出来的高温高压燃气在喷管中继续膨胀，并形成高速气流喷出，进而产生推力以推动飞机持续飞行。

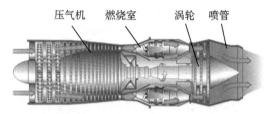

图 9-1　涡轮喷气发动机结构图

涡轮风扇发动机在涡轮喷气发动机的前面增加一个风扇，以及驱动风扇用的低压涡轮(驱动压气机的称为高压涡轮)。风扇运转并压缩空气，经压缩的空气分为两股：一股进入内涵道与涡轮喷气发动机一样，经压气机、燃烧室、涡轮和喷管排出，这是发动机的核心质量流量；另一股流经外涵道平行流动经喷口排出。涡轮风扇发动机比涡轮喷气发动机推进效率高、经济性好，主要是在同样供油量下，涡轮风扇发动机吸入的空气流量要大得多。

涡轮螺旋桨发动机由核心机和螺旋桨组成，它综合了涡轮发动机和螺旋桨的优点，涡轮不仅带动压气机运转，而且还带动螺旋桨运转。飞机前进的动力是由螺旋桨产生主要拉力，同时利用经喷管排出的燃气产生部分推力，具有较好的经济性。

涡轮轴发动机结构形式与涡轮螺旋桨发动机类似，从核心机出来的燃气所具有的能量几乎全部通过涡轮轴输出功率，带动旋翼和尾桨。

对以上 4 种航空发动机来讲，燃烧室都是它们的核心部件，对于军用航空发动机还设有加力燃烧室。在燃烧室中实现燃料的化学能转变为热能，它们工作的好坏直接影响发动机的性能。本节主要介绍航空燃气轮机燃烧室的结构、工作原理和性能要求等。

9.1.1 主燃烧室燃烧技术

为了区分加力燃烧室，航空燃气轮机燃烧室也称为主燃烧室。主燃烧室的作用是把压气机增压后的空气经过喷油燃烧提高温度，然后流向涡轮膨胀做功。航空燃气轮机燃烧室的工作条件是十分恶劣的，在这些条件下组织高效率的燃烧决非易事，因此航空燃气轮机主燃烧室具有独特的结构与性能要求。

1. 主燃烧室结构与类型

主燃烧室总体结构如图 9-2 所示，包括扩压器、内外机匣、火焰筒、供油系统和点火系统等。火焰筒又包括内外环、帽罩和涡流器 (也称旋流器) 等。在火焰筒壁面上开有主燃

孔、掺混孔和冷却孔等各类进气孔,空气通过这些小孔进入火焰筒内。燃油通过喷嘴进入
火焰筒。

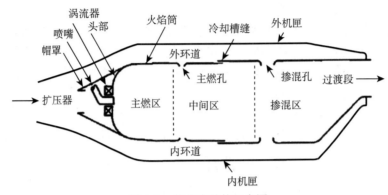

图 9-2   燃烧室结构示意图

根据燃烧组织需要,火焰筒内常分为三个功能区:主燃区、中间区和掺混区。主燃区
主要承担点火、火焰稳定、高效燃烧的作用,90%以上的燃料在该区内烧完。主燃孔流入
的空气大部分被卷吸到主燃区内燃烧,少部分空气与主燃区未燃尽的燃料在中间区继续燃
烧,为了补充中间区的空气量,燃烧室通常还开设中间孔,也称补燃孔,中间区也称为补
燃区。中间区可以促进进一步燃烧,复合离解产物,以提高燃烧效率。掺混区通过掺混气
与火焰筒内的高温燃气有效混合,调控燃烧室出口温度大小和分布。现代高温升短环形燃
烧室中,由于用于燃烧的空气流量增加和燃烧室长高比不断变化,一般不设中间孔,其功
能由主燃区和掺混区来共同承担。

当前航空发动机主燃烧室主要为环形燃烧室,除此之外还有单管燃烧室与环管燃烧室,
三种燃烧室结构如图 9-3 所示。

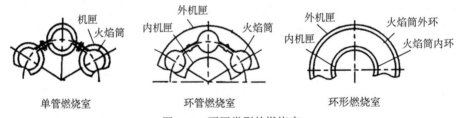

图 9-3   不同类型的燃烧室

早期的发动机多使用单管燃烧室。一台发动机上一般有 8~10 个单管燃烧室,每个单
管燃烧室各有自己单独的火焰筒和机匣,而各个燃烧室之间有联焰管互相连通,起到传焰
和均压作用。单管燃烧室可以单独拆卸和更换,检查和维修方便,但存在迎风面积大、结
构质量大、出口压力不均等缺点,这些缺点限制了它的使用与发展。

环管燃烧室是在单管燃烧室基础上发展而来,它将单管燃烧室机匣连接到一起,形成
燃烧室的内、外机匣,若干个火焰筒均匀地排列在内、外机匣形成的环形空间内,火焰筒
之间用联焰管连接。相比单管燃烧室,环管燃烧室在迎风面积、结构质量以及出口压力等
方面的性能都得到大幅度改善。

　　环形燃烧室是将环管燃烧室火焰筒也连接到一起,其主体结构由四个同轴筒体构成,分别为内机匣、外机匣、火焰筒内环和火焰筒外环。环形燃烧室在火焰筒的前端安装有十多个由涡流器和喷嘴等构成的头部,即火焰筒头部仍然是独立的。环形燃烧室具有结构紧凑、质量较轻、迎风面积小及出口的压力和温度较均匀等优点,缺点是检查和维修不便。环形燃烧室是当前航空发动机燃烧室的主要构型。

　　2. 主燃烧室工作过程

　　燃烧室的工作过程可归纳为气流增压减速、燃油雾化、回流区的形成、点火、燃烧及掺混冷却等过程。

　　1) 气流增压减速

　　压气机出口气流速度较高,一般在 $120\sim220\mathrm{m/s}$ 左右,为了减少总压损失并稳定燃烧,要求气流在进入燃烧室之前速度降至 $40\sim60\mathrm{m/s}$。所以,从压气机最后一级出来的气流必须进一步增压减速,这一过程是在扩压器内完成的。扩压器就是燃烧室与压气机之间的一个扩压段,即在燃烧室进口前的一个突然扩张段。

　　2) 燃油雾化

　　燃油雾化过程由燃烧室头部的喷嘴来完成。燃油经过喷嘴的一次雾化与头部气流的二次雾化,形成液滴直径在几十至几百微米不等的油雾群,这不仅增加了燃油的蒸发表面积,而且加强了燃油与空气的混合,形成利于燃烧的气液两相混气。

　　3) 回流区的形成

　　回流区是高速气流下火焰稳定的主要机制,主燃烧室通过涡流器(即旋流器)构建回流区流场。涡流器安装在火焰筒的头部,是由一组与轴向成一定角度的叶片构成的流通通道。空气流过涡流器后,在涡流器叶片的导流作用下,气流斜着进入火焰筒,形成一个周向旋流流场,如图 9-4 所示。由于涡流器的中间一般是喷嘴,没有空气流入,因此旋转气流在离心力的作用下流线向外偏,从而在旋流器后的中心处会形成一个低压区,当内外及前后压差大到一定程度,就可能迫使流线回绕,并在轴向截面产生回流区。由于涡流器是一个圆环结构,因此轴向回流区是一个涡环结构。

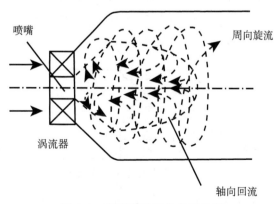

图 9-4　涡流器流场结构示意图

回流区使高温燃气倒流,可促进雾化后的细小油珠的加热与蒸发,从而保证后续来的新鲜混气被点燃并稳定燃烧，为点火和火焰的传播创造了条件。

4) 点火

点火是利用外电源使高压火花塞打火，将火花塞附近的一部分燃油和空气的混合物加热至着火温度并点燃，并依靠这个点火源去点燃整个燃烧区。当燃烧区火焰稳定后，点火装置即刻停止工作。通常一台发动机的燃烧室要安装两个点火装置。

5) 燃烧

由压气机出来的空气流经过扩压段使气流进一步增压并减速，并在燃烧室入口分成两股，一股通过涡流器进入火焰筒头部，另一股进入燃烧室机匣与火焰筒之间的内外环道，并通过火焰筒上各组孔槽分别进入火焰筒内各个功能区，流场结构如图9-5所示。

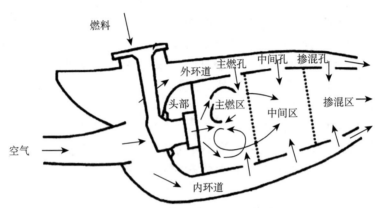

图 9-5　燃烧室流场结构示意图

为了组织有效的燃烧，首先要在燃烧室内形成合理的适合燃烧的油气分布。所谓油气分布是指余气系数或油气比在燃烧室中的空间分布。只有在一定的余气系数范围内才能保证稳定高效地燃烧。图9-6给出了主燃区油气分布。图中线1表示油雾轨迹，线2为余气系数分布曲线，线3为回流区边界。可见大部分燃油紧贴回流区边界的外侧运动，此处也是旋流较强的区域，可以使燃油与主流空气充分混合，从回流区绕回来的高温气体也会进入该区域，对两相混气进行加热。此外，在油雾锥附近余气系数最小，燃油局部浓度最高，这种分布不均的燃油浓度场有助于提高火焰稳定性，保证发动机工况变化时，燃烧空间总存在处于可燃浓度范围内的区域，维持火焰面的存在。

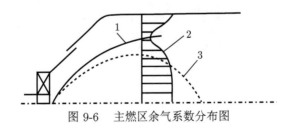

图 9-6　主燃区余气系数分布图

图9-7为燃烧过程示意图。图中显示了油雾轨迹线1，回流区的零速度线2，以及火焰锋面3。如图所示，燃油沿轨迹1进入主燃区，与涡流器来的旋转空气一边快速混合一边往下游流动，形成两相强螺旋流动，以保证在很短的距离内形成可燃混合气。点燃后，

在回流区的顺流区中某个合适的位置上一定存在稳定的点火源，如图中的 B 点，火焰从 B 点向后传播。由于进入火焰筒的燃油有不同的粒径，由高温燃气和辐射中获得的热量也会有所差异，因而燃油蒸发成气相的时间及油气混合气获得的热量都会有所差异，再加上湍流火焰的皱褶，因此着火区是一个狭长的区域，如图 9-7 中阴影 3 所示的火焰锋面。火焰锋面经过主燃孔射流时会向后偏转，同时射流变扁且有尾焰。

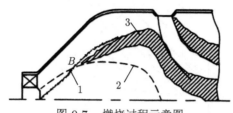

图 9-7　燃烧过程示意图

主燃区的平均油气比接近化学恰当比，且湍流度大，油气混合剧烈，温度高，可以将 90% 以上的燃料烧完。没有烧完的燃料在中间区继续燃烧，特别是在主燃孔射流后的尾涡区会形成第二燃烧区。

6) 掺混冷却

在火焰筒后部，燃油经过中间区之后绝大部分已燃烧完毕。此时，掺混气流从掺混孔引入火焰筒的后部，与中间区的高温燃气掺混，温度下降，达到规定的燃烧室出口气流温度后流向涡轮的导向器。

3. 燃烧室的性能要求

1) 点火可靠，燃烧稳定

点火可靠是指在一定的外界条件下 (如飞行高度、马赫数)，发动机应能可靠地点火。发动机在地面条件下启动，通常比较容易点火，因为地面条件下大气压力和温度都较高。而在高空时，发动机熄火后重新点火则比较困难。因为此时发动机处于风车状态，压气机出口气流速度很大，外界环境压力和温度较低，造成点火困难。

评定点火性能一般用点火高度和点火特性线表示。点火高度是指发动机高空熄火后能点火启动成功的最大高度。目前点火高度是 $8\sim9$km，采取补氧等措施后可达 $12\sim13$km。点火特性线是在一定的进气条件 (如燃烧室进口总压 p_{t3} 与总温 T_{t3}) 下，可以顺利实现点火时的混气浓度变化曲线。图 9-8 表示了在不同进口速度下可以成功点火的油气范围，图中阴影部分是可以成功点火的区域，C 点是实现成功点火的最大速度极限点，C 点左上方的线为点火富油极限，左下方是点火贫油极限。如图所示，随着速度的增加，可以成功点火的油气范围缩小，同样不同的油气比可以成功点火的最大速度也不一样，太贫太富都会使可以成功点火的速度变小，最大速度极限点 C 所在的点火区域油气比为恰当比的状态。

燃烧稳定包含两个重要意义：一是在发动机工况范围内燃烧室不熄火，即使条件恶劣导致燃烧不正常也能保持不熄火。在恶劣条件过后，又能恢复正常，即燃烧室具有抗恶劣条件的能力，这种性能一般用火焰稳定性能来表示；二是不出现对发动机有破坏性的燃烧，通常指振荡燃烧。火焰稳定性能是指发动机在宽广的工作范围内平稳燃烧和火焰保持在燃着状态的能力，对应的稳定燃烧特性曲线是指在一定的进气条件 (p_{t3}, T_{t3}, Ma_3) 下能够稳定燃烧的混气浓度范围。典型的稳定燃烧特性曲线与图 9-8 的点火特性曲线十分类似，通常稳定燃烧特性范围要更宽一些，表示成功点火的难度比稳定燃烧更大。

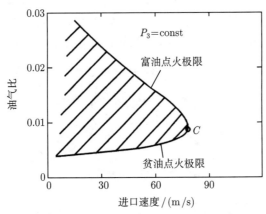

图 9-8　点火油气比与进口速度间的关系曲线

2) 燃烧完全

燃烧室内燃烧完全程度通常用燃烧效率表示。燃烧效率 η_B 是指燃气获得的能量与燃料所含有的能量的比值，即

$$\eta_B = \frac{m_a c_{p3a}(T_{t3a} - T_0) + m_f c_{p3f}(T_{t3f} - T_0) - (m_a + m_f) c_{p4}(T_{t4} - T_0)}{m_f \Delta H_C} \tag{9-1}$$

式中，下标 "3""4" 分别代表燃烧室的进、出口位置，"a""f" 分别代表空气与燃料，"t" 代表滞止参数。此外 T_0 为基准状态温度。

燃烧效率与燃烧室总余气系数的关系代表了燃烧室的燃烧效率特性。典型的燃烧效率特性曲线如图 9-9 所示。图中燃烧效率最大值对应的总余气系数远大于 1，这是因为通过掺混孔、冷却孔进入燃烧室后部的空气通常不参与燃烧的缘故。

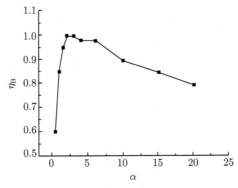

图 9-9　典型的燃烧效率特性曲线

3) 压力损失小

燃烧室的压力损失主要由以下三部分组成。

(1) 扩压损失，包括扩压器 (含突扩段) 损失和环形通道损失。扩压器损失是由扩压器摩擦损失、气体流动分离损失和突然扩张损失等组成，一般情况下占燃烧室总损失的 25%～30%。扩压器损失是一种无效损失。

(2) 掺混损失，主要包括涡流器和火焰筒各进气孔 (主燃孔、掺混孔和冷却孔等) 带来的损失。火焰筒中的燃油和空气、燃气和新鲜混气掺混越强烈，则燃烧反应也越快，燃烧效率越高，燃烧室出口温度分布也更加均匀，但同时总压将会下降，损失增加。因而尽管这种损失对动力性能是不利的，但对燃烧和掺混显然是有利的，是一种有效损失。掺混损失约占燃烧室总损失的一半。

(3) 加热损失，气体流动状态下加热所引起的损失，与流动速度和加热比有关，速度越高，则加热损失越大。通常加热损失约占燃烧室压力损失的 10%。

燃烧室内的流动损失常用总压恢复系数 σ_B、总压损失系数 ζ_B 和流阻系数 ξ_B 表示，它们的定义为

$$\sigma_B = \frac{p_{t4}}{p_{t3}}, \quad \zeta_B = 1 - \frac{p_{t4}}{p_{t3}}, \quad \xi_B = \frac{p_{t3} - p_{t4}}{\frac{1}{2}\rho_3 u_{ref}^2} \tag{9-2}$$

流阻系数是燃烧室总压损失与参考截面 (燃烧室最大截面) 动压头之比。总压损失系数和流阻系数间的关系如下：

$$\zeta_B = \xi_B \frac{R_g}{2}\left(\frac{m_a T_{t3}^{0.5}}{A_{ref}p_{t3}}\right)^2 \tag{9-3}$$

由式 (9-3) 可知，总压损失系数 ζ_B 取决于流阻系数 ξ_B 及流动综合参数 $\left(\frac{m_a T_{t3}^{0.5}}{A_{ref}p_{t3}}\right)$，三者之间的变化关系称为燃烧室流阻特性，典型的流阻特性曲线如图 9-10 所示。

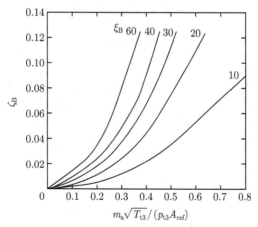

图 9-10　典型的流阻特性曲线

4) 出口温度

燃烧室出口温度直接影响发动机的总体性能，也关系到涡轮的寿命和工作效率，同时也会有很多因素影响燃烧室的出口温度，如燃烧室主燃区的燃烧情况、掺混气与燃气的混合情况、冷却气的分布等，因而燃烧室出口温度的高低和分布是多种因素综合的结果，也是当前燃烧室研究和调控中的难点之一。

　　燃烧室出口温度分布主要需满足涡轮叶片的要求。涡轮叶片根部结构复杂，机械和热应力高，叶尖部分的厚度很薄，冷却气少，冷却效果差，因而希望对应于这两个区域的燃气温度能低一些，而中间部分可以高一些。为此典型的燃烧室出口温度分布呈现如图 9-11 所示的抛物线形状，最高温度一般出现在涡轮叶片 2/3 高度的地方。

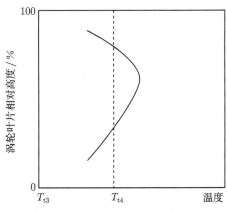

图 9-11　燃烧室出口温度分布曲线

　　为定量评估燃烧室出口温度分布的情况，定义了出口温度场分布系数 OTDF、出口温度场径向分布系数 RTDF 两个概念。

　　(1) 出口温度场分布系数 OTDF 定义为燃烧室出口截面燃气的最高总温和出口平均总温之差与燃烧室温升之间的比值，即

$$\text{OTDF} = \frac{T_{t4\,\max} - \bar{T}_{t4}}{\bar{T}_{t4} - T_{t3}} \tag{9-4}$$

式中，$T_{t4\,\max}$、$\bar{T}_{t4}$、T_{t3} 分别表示燃烧室出口最高总温、燃烧室出口平均总温和燃烧室进口总温。

　　(2) 出口温度场径向分布系数 RTDF。把燃烧室出口截面同一半径上的总温取算术平均，然后比较不同半径处的平均总温值，可以得到一个最大的平均径向总温，该总温和出口平均总温之差与燃烧室温升之间的比值定义为出口径向温度分布系数，即

$$\text{RTDF} = \frac{T_{t4r\,\max} - \bar{T}_{t4}}{\bar{T}_{t4} - T_{t3}} \tag{9-5}$$

　　上述两个评定指标一般在台架最大状态或低空高速平飞状态下确定。目前燃烧室这两个指标数值一般为 OTDF ≤ 0.25~0.3，RTDF ≤ 0.08~0.12。

　　5) 污染物排放低

　　动力装置在向人类提供能源动力的同时，它们排放的废气造成对大气的污染，已成为危及人类健康和自然生态平衡的公害，目前全世界都很重视环境污染问题。航空发动机燃烧室的主要污染物包括四种：未燃烧的碳氢化合物、烟 (C 粒)、一氧化碳和氮氧化物。影响污染物生成的主要因素是压力、温度和时间，在低功率情况下主要生成未燃碳氢化合物和一氧化碳，在大功率情况下主要生成烟和氮氧化物。

6) 结构紧凑、重量轻、寿命长

现代燃烧室长度都很短，军用航空发动机燃烧室大多在 300~400mm 之间，火焰筒长度和高度比接近 2 左右，全寿命接近 1 千小时，民用发动机燃烧室的寿命更是达到数千至几万小时。

燃烧室的结构紧凑程度常用容热强度来表示。容热强度指燃烧室在单位压力单位容积内每小时燃料燃烧释放的热量。

$$Q_{\mathrm{B}} = 3600 \times \frac{m_{\mathrm{f}} \Delta H_{\mathrm{C}} \eta_{\mathrm{B}}}{V_{\mathrm{B}} p_{\mathrm{t3}}} \mathrm{J} / \left(\mathrm{m}^3 \cdot \mathrm{h} \cdot \mathrm{kPa} \right) \tag{9-6}$$

式中，V_{B} 为燃烧室容积。如以火焰筒容积代替燃烧室容积，则为火焰筒容热强度。

容热强度是反映燃烧室结构紧凑性的指标，容热强度大，表明燃烧相同流量的混合气所需的燃烧室容积更小，相应的燃烧室重量也轻。

9.1.2　加力燃烧室燃烧技术

1. 加力燃烧室工作原理

加力燃烧 (或复燃) 是增加发动机基本推力以提高飞机的起飞、爬升以及军用飞机的作战性能的一种方法。加力燃烧室位于涡轮与尾喷口之间，由于主燃烧室出来的燃气中还有约 3/4 的氧气未被利用 (对涡扇发动机而言，外涵流过来的空气是新鲜空气)，因此可以在涡轮和喷管之间喷油和燃烧，增加排气温度使推进喷管的喷气速度增加，从而增加发动机的推力。由于不需增加空气流量和稍增加质量就可以显著增大推力，因此可以说加力燃烧是在短时间内增加推力的最好方法。

从气动热力学角度看，加力燃烧室可以看作是涡轮喷气发动机和冲压发动机的组合，图 9-12 为带加力燃烧室的航空发动机热力循环图，图中阴影部分为开加力时的热力过程及多做出的循环功。在亚声速时涡轮喷气发动机有很高的热效率和推进效率，在超声速范围内又可充分发挥冲压发动机的推进性能优点，因此非常适合多状态工作的高性能歼击机作战要求。

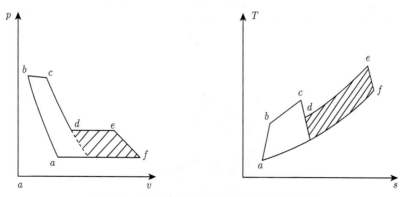

图 9-12　带加力燃烧室的发动机热力循环图

2. 加力燃烧室工作过程

加力燃烧室结构如图 9-13 所示，其主要部件包括：扩压器、供油装置、点火器、火焰稳定器、防震 (隔热) 屏和加力室筒体等。加力燃烧室工作过程如下：

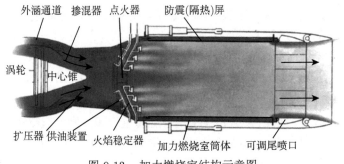

图 9-13   加力燃烧室结构示意图

1) 扩压、减速

从发动机涡轮出来的燃气流速度达到 250~400m/s，如此高的气流速度下是无法维持火焰稳定的，因此在气流进入燃烧区之前必须先扩压，也就是降低气流速度，增加压力。加力燃烧室的扩压器是由燃烧室筒体与中心锥形成的扩张通道构成的。

2) 雾化、混合与燃烧

加力燃烧室进气速度与温度高，因此燃油可以通过相对简单的直射式喷嘴供入，为了提高燃油雾化以及燃油与空气混合性能，往往需要十几或数十个直射式喷嘴，并以喷油杆或喷油环的形式将燃油均匀地分布在整个火焰区域。燃烧可以靠催化点火器引发，即点火器产生的火焰是由喷射在铂基元件上的燃油空气混合物的化学反应形成的，或利用喷嘴附近的点火电嘴或从发动机主燃烧室内生成的火焰热流引燃而成，后一种方法被称为"热射流"点火。一旦燃烧开始，燃气温度就会升高，燃气通过面积扩大的推进喷管膨胀加速以产生额外的推力。

3) 火焰稳定

气流流入加力燃烧室燃烧区的速度通常高于主燃烧室，因此加力燃烧室内同样需要构建回流区来稳定火焰。V 型稳定器是经典加力燃烧室火焰稳定器的基本结构，为了提高加力燃烧室火焰稳定性能与燃烧性能，同时降低火焰稳定器的压力损失，加力燃烧室火焰稳定器通常由多个径向稳定器与环形稳定器共同构成，如图 9-14 所示。

图 9-14   加力燃烧室火焰稳定器结构

9.2　火箭发动机燃烧技术

火箭发动机是利用自身携带的推进剂 (包含氧化剂和燃料) 在燃烧室中燃烧生成高温高压的燃气，在喷管中膨胀流动，以超声速气流喷出的反作用力产生推力。

火箭发动机的工作过程可以概括为两个基本过程，即燃烧过程和流动过程。燃烧过程在燃烧室中进行，将推进剂的化学能转变成热能；流动过程在喷管中完成，燃烧产生的高温高压燃气 (工质) 进入喷管，在喷管内膨胀加速，最后从喷管高速喷出。

推进剂在燃烧室中的燃烧过程是一种非常剧烈的而又复杂的化学反应过程。其时间很短，而温度和压力却很高，燃烧温度约 2000~3500K，压力约 4~20MPa，甚至高于 20MPa。其燃烧产物主要是气相，有的会有少量凝固相成分。

由于推进剂物理状态不同，化学能火箭发动机可分为液体火箭发动机、固体火箭发动机和固液火箭发动机三种。本章重点介绍液体火箭发动机和固体火箭发动机的工作特点。

9.2.1　液体火箭发动机燃烧技术

推力室是液体火箭发动机产生推力的部件。推力室包括喷注器、燃烧室及喷管等 (如图 9-15)。以双组元推进剂为例，推力室产生推力的过程如下：

液体推进剂组元分别从贮箱中被高压气体挤出或被涡轮泵增压后，进入各自的输送管道而后送入推力室。其中一种推进剂的组元 (通常为氧化剂) 直接进入推力室头部喷注器，而另一种组元则通过集液器进入推力室壁的夹层通道，对推力室壁进行冷却，吸收了一部分室壁热量后回到推力室头部。在推力室头部，推进剂组元分别经过喷注器的各自喷嘴 (直流式或离心式) 喷入燃烧室时被雾化、掺混与燃烧，形成高温、高压燃气。燃气流向喷管，在喷管内膨胀加速并以超声速气流从喷管出口排出，产生推力。

液体推进剂在燃烧室中的燃烧过程是一种极其复杂的物理化学过程，可用下面几个基本过程来概括。

(1) 雾化过程。为了加速燃烧过程，必须将推进剂组元雾化成细微的液滴，液滴越小，其蒸发面积越大，蒸发速度越快，蒸发所需时间越短，有利于组元的混合和燃烧。雾化过程是由喷注器的喷嘴完成的。

(2) 蒸发过程。推进剂组元要在很短时间内完成蒸发，大约 4~8ms，蒸发过程需要热量。对于一般非自燃推进剂，初始热源是点火源，而自燃推进剂则依靠自燃推进剂的燃料和氧化剂混合接触时的液相反应放出的热量作热源。当推力室进入正常稳定工作状态时，由于形成了很强的火焰中心，此时蒸发过程由火焰中心提供热量。

(3) 混合与燃烧过程。液体火箭发动机内不需要火焰稳定器，这一点与喷气发动机不同。因为液体火箭发动机推力室内介质的流动速度较低及燃气回流，保证了混气形成、点火和稳定燃烧过程的实现。推进剂在燃烧室内的大部分转化过程中，混合物都是两相的。由于两相之间的相互作用、燃烧产物对混合物的传热、急剧发展的气流湍流度及扩散气流作用都加速了混合和燃烧过程。

以气动力学观点，燃烧过程可以分为四个无明显边界的流动区域，如图 9-16 所示。

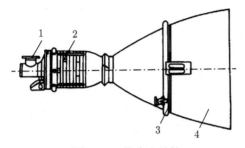

图 9-15   推力室结构

1-头部喷注器；2-燃烧室；3-集液器；4-喷管

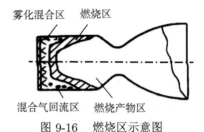

图 9-16   燃烧区示意图

1) 雾化混合区

在雾化混合区内，推进剂雾化、蒸发，并使燃料和氧化剂的雾化及蒸发形成的蒸气宏观混合。其混合的情况取决于喷嘴的结构设计形式。由于蒸发和混合主要在此区内进行，该区温度较低。

2) 混合气回流区

由于推进剂从喷嘴喷出时与周围气体之间的动量交换及引射作用，产生燃气向喷注器附近回流，形成回流区。在此区内，有推进剂蒸发后形成的未燃气体，还有已燃气体。回流现象对混合气的燃烧准备过程有重要作用，有利于燃烧区的热量向混合区传递，也有利于本区内的未燃气体进一步微观混合并升温，促使部分混合气的分解，甚至发生液相化学反应。

3) 燃烧区

由于在燃烧区极短时间内发生迅速的放热反应，该区内温度高，可达 3000K 以上。由于边区温度低 (受壁面冷却液膜影响) 以及混合比不是最佳状况，因此燃烧区的中心区和边区并不处于均匀的同一截面，边区及其附近滞后于中心区，使燃烧区的火焰前锋形状呈现一个凹槽状。实验研究表明，燃烧室在稳态燃烧时，燃烧区及其火焰前锋在燃烧室中的位置基本不变，而且存在两种不同状态的稳态燃烧，即缓燃和爆燃。在正常情况下燃烧属于缓燃，爆燃是一种剧烈的极高速的燃烧现象，是由于可燃混合气中的局部爆炸而形成的，但不属于不稳定燃烧。

4) 燃烧产物区

在这一区域，燃烧已基本结束，只是在很小尺度范围内进行紊流混合和补充燃烧。由于下游燃气进入喷管膨胀加速，所以在此区内的燃气流速不断增加。因流动基本是管流状态，故也称此区为管流燃烧区。

9.2.2   固体火箭发动机燃烧技术

固体火箭发动机主要由固体推进剂药柱、燃烧室、喷管和点火装置等组成，如图 9-17所示。

固体推进剂的燃烧是在高温高压条件下进行，而且反应速度很快，大部分过程是在比较窄的燃烧反应区内进行的 (燃烧反应区的厚度有的只有十分之几毫米，甚至更小)。由于推进剂的微观组织结构不同，固体推进剂的稳态燃烧在燃烧机理上是不同的，下面简要阐述双基推进剂的燃烧特点。

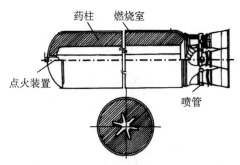

图 9-17　固体火箭发动机组成示意图

　　双基推进剂是一种在分子中同时含有燃料化学元素和氧化化学元素的有机物的固溶体。这类推进剂也称作胶体推进剂，主要组分之一是具有不同含量的硝化纤维素，另一个组分是硝化甘油等类型的称为溶剂的物质。可认为双基推进剂所含的氧化剂和燃烧剂是预先混合好的，它的一维燃烧过程通常以燃烧区的构成为基础进行描述。双基推进剂稳态燃烧模型，目前仍然延续引用的是四区燃烧模型，如图 9-18 所示。目前比较公认的燃烧区是由亚表面及表面反应区、嘶嘶反应区、暗区和发光火焰区组成。

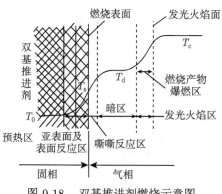

图 9-18　双基推进剂燃烧示意图

　　1) 亚表面及表面反应区
　　亚表面及表面反应区是最靠近推进剂燃烧表面的区域。首先由外界气体通过传热方式向推进剂里层传热，从而使推进剂初温升高，推进剂这一层变软，靠近表面处形成亚表面和表面反应区。该区的物理反应有熔化、分馏、蒸发及热分解。该区里层的化学反应是吸热反应，而靠表层区则有放热反应。如果反应放热大于吸热，则表面温度上升至燃烧表面温度。此时大部分分解产物还来不及发生化学反应就进入了嘶嘶反应区。
　　2) 嘶嘶反应区
　　固体推进剂的分解产物进入气相区后首先形成嘶嘶反应区。这一区并不完全是气体，还夹杂着液体以及固相微粒，是一个以气体为主的带有凝相微粒的弥散分布区。该区总的热效应是放热的，放出的热量又加速固相微粒的气化 (升华)。随着温度和压力的提高，凝相气化过程强度增大。

3) 暗区

嘶嘶反应区反应结束后生成大量的 NO，而 NO 的还原反应只能在高温、高压下才有一定的反应速度，随着逐步远离燃烧表面，分解产物逐步聚集，温度不断提高，不过反应速度较慢。暗区的温度只能达到 1670~1970 K，尚达不到发光的程度，这就构成了暗区。

4) 发光火焰区

经过暗区的热量积累，分解产物与未完全燃烧的产物之间开始进行气相反应，使 NO 的还原反应进一步加速，形成了发光火焰。这一区的反应进行程度取决于该区压力，只有压力提高到一定程度后，燃烧才能充分和完全。

以上的多阶段燃烧假说基本观点就是认为推进剂的燃烧过程是一个连续的多阶段的物理化学过程，而实际上燃烧的各个阶段是相互联系且相互渗透的。

9.3　冲压发动机燃烧技术

9.3.1　冲压发动机的特点

涡轮喷气发动机燃烧室出口温度受到涡轮叶片热强度的限制，随着飞行马赫数的增加，燃烧室进口温度提高，此时不得不减少发动机的供油量以减少加热量，进而导致发动机热力循环效率迅速下降。飞行速度越高，发动机进口的速度冲压越大，当飞行马赫数接近 3 时，速度冲压已达到相当高的气流压力，致使涡轮与压气机系统成了多余的部件。飞行马赫数在 3~6 范围时，冲压发动机是首选。根据进入燃烧室气流的速度是亚声速还是超声速可以把冲压发动机分为亚燃冲压发动机和超燃冲压发动机，如图 9-19 所示。

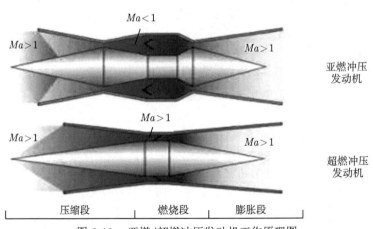

图 9-19　亚燃/超燃冲压发动机工作原理图

亚燃冲压发动机的来流首先经过一个或多个由飞行器前机身或扩压器产生的斜激波，在收敛管路内对高超声速气流减速，再通过一个正激波系将超声速气流转变为亚声速气流，然后在扩张管路中进一步对亚声速气流进行减速。燃料喷入燃烧室内的亚声速气流中，然后蒸发、混合和燃烧。高温高压气流在收敛扩张喷管中再加速到高超声速，最后排放到大气中。高温气流经过冲压发动机时，由于离开时比进入时具有更高的速度和动量，因此产生了反作用力或推力。

　　飞行马赫数在 3~5 范围内，亚燃冲压发动机具有良好的性能，但是飞行马赫数继续提高，发动机性能迅速下降，而且还遇到严重的温度障碍。飞行马赫数接近 6 时，进入燃烧室的空气静温超过了钢的熔化温度；飞行马赫数达到 7 时，温度则超过了氧化铝的熔化温度；飞行马赫数达到 10 时，实际空气温度大约是 4000K，此时空气的焓值相当于理想气体温度 5500K 的焓值，而传给发动机壁面的热量主要取决于焓的大小。

　　亚声速燃烧使用煤油作燃料时，当飞行马赫数达到 8 以上，进口空气温度已很高，当燃料喷入燃烧室内的高温气流中，会发生强烈的热分解，热分解将吸收大量热能，以致"已燃气"的温度实际上低于燃烧室进口的空气温度。虽然燃气流热分解消耗的能量，在尾喷管膨胀过程中，由于温度、压力下降发生复合反应，"回收"了一部分能量，但当飞行马赫数超过 10 时，以煤油作燃料的亚燃冲压发动机已不可能产生推力。

　　为了解决上述问题，需设法降低燃烧室的进口温度。燃烧室进口温度 T_2 可按下式近似计算：

$$T_2 = T_H \left(1 + \frac{\gamma - 1}{2} Ma_H^2\right) \bigg/ \left(1 + \frac{\gamma - 1}{2} Ma_2^2\right) \tag{9-7}$$

式中，Ma_H 为飞行马赫数；Ma_2 为燃烧室进口马赫数；T_H 为大气静温；γ 为比热比。

　　由式 (9-7) 可知，从气体动力学观点来分析，无论飞行马赫数 Ma_H 有多大，理论上总可以选择一个适当的燃烧室进口马赫数 Ma_2，使得燃烧室进口温度 T_2 降到某个适当的数值。例如，设飞行高度 $H = 20\text{km}$，$Ma_H = 6$，大气静温 $T_H = 216\text{K}$，总温 $T_t = 1770\text{K}$，如果亚燃冲压燃烧室进口马赫数 $Ma_2 = 0.2$，则 $T_2 = 1757\text{K}$，而提高到 $Ma_2 = 2.0$，则 $T_2 = 984\text{K}$。由此可见，气流以超声速进入燃烧室，在超声速气流中组织燃烧，可以使发动机热力循环在较低的静温和静压状态下进行。尽管在超声速气流中加热会引起较大的总压损失，但是进气道内没有正激波，只需要有一组斜激波系压缩空气，总压损失便会大大降低。燃烧室内静温下降，便减少了热分解损失，提高了发动机总效率。超燃冲压发动机的整个通道内都是超声速流。

　　由于超燃冲压发动机扩压器出口流是超声速气流，因此扩压器几何形状是收敛的而不像亚燃冲压发动机那样需要先收后扩。燃料喷入扩压器下游的超声速气流中，由于燃烧过程的时间非常短，因此需要采取措施实现快速、充分的混合。由于迎面气流的高能量和局部高燃气密度的联合作用，燃烧室中热负荷最高。由于燃烧室出口是超声速气流，因此尾喷管只需扩张而无须像亚燃冲压发动机那样需要先收缩后扩张。

9.3.2　超声速燃烧

　　飞行器作高超声速飞行时，超燃冲压仍然具有很大的推力和比冲，对扩大飞行器在大气层中的飞行范围有着重要的意义，然而要实现这种新型吸气式发动机首先遇到的技术问题是：在超声速气流中如何喷射燃料实现稳定燃烧，并且燃烧过程不会导致超声速燃气流下降为亚声速。目前研制的超燃冲压发动机，其超声速燃烧室内的实际燃烧过程是斜激波点燃和超声速扩散燃烧的组合，较好地解决了稳定燃烧与维持超声速流动的难题。

　　斜激波点燃是指当进口空气总温较高而静压较低，两股气流在较低静温下混合形成可燃均匀混气，混气经过斜激波系后马赫数仍大于 1，静压和静温升高。只要静温超过混气的自燃温度并达到一定值，则混气可以自动着火、燃烧。

超声速扩散燃烧是指空气和燃料 (例如氢气作为燃料) 两股平行气流或同轴射流，由于进口空气温度较高，空气与燃料混合后有足够高的温度，则在混合边界层中某个具有合适的温度和油气比的局部地点会发生自燃着火、燃烧，燃烧过程中气流仍保持为超声速，即为超声速扩散燃烧。

与亚燃冲压不同，超燃冲压燃烧室内没有喷嘴环、预燃室或其他的点火装置，以及火焰稳定器，超燃冲压燃烧室是一个自由通道，在燃烧室内的支板壁面沿发动机轴向和横向设置许多燃料喷嘴，燃料以平行或垂直于超声速气流的方向喷射。以氢气燃料为例，当飞行马赫数大于 6 时，燃烧室进口静温已超过氢-空气混气的自燃温度，因此氢气从喷嘴中喷射出来以后，就会自动着火、燃烧。

燃料供给规律应该按照飞行状态进行设计，尤其在燃烧室进口马赫数较低时，如果在一个位置上燃料供应过大，将引起流场强烈的扰动甚至热堵塞。理论分析表明，在等截面管中向超声速气流加热，则气流马赫数降低。若继续增大加热量会在出口处出现临界状态。为了提高热效率以及向气流中加入尽可能多的热量，燃烧室面积沿轴向必须扩张，亦即在等截面燃烧室后面连接一个扩张段，以避免继续加热时发生热堵塞。

如果气流在进气道中滞止减速后，要求仍以超声速进入燃烧室，就需要解决在燃烧室的等截面段与扩张段之间合理分配加热量的问题，必须考虑以下三个方面因素：

(1) 燃烧室出口面积不能过大。因为燃烧室的扩张段要很长，出口面积则很大。为了使尾喷管有足够大的膨胀比，尾喷管出口面积会更大，但从总体设计来讲，尾喷管出口截面面积受到一定的限制。

(2) 应该尽量减少加热引起的总压损失。由于气流加热产生的总压损失随马赫数增大而增加，而在超声速流动区域内通道面积的增加，将引起马赫数增加，使得加热引起的总压损失增加。为了使燃烧室总压损失最小，在等截面积段内加热使气流速度接近于临界状态 (马赫数略大于 1)，然后在扩张段保持这一马赫数不变继续加热。这种加热规律称之为"等截面 + 等马赫数" (简称 A-M) 加热规律。

(3) 要求既增加加热量，又减少热分解损失。当飞行马赫数很高时 ($Ma > 7$ 左右)，按照上述加热规律，总压损失小而又不会发生热堵塞，然而燃烧室扩张段静温沿轴向不断上升，会引起严重的热分解和过高的结构热负荷。为降低静温可使用较贫的混气比，减少加热量，但这又导致发动机推力下降。解决这一矛盾的方法可使用"等截面 + 等静温" (简称 A-T) 加热规律，即在等截面管内加热使马赫数降低到接近临界状态，然后在扩张段内保持静温不变继续加热。在等静温加热过程中，气流马赫数增加，按此规律加热虽然使其总压损失较"等截面 + 等马赫数"规律要高，但是可以最大限度地加入热量，使得发动机获得较大的推力和比冲。

9.4　爆震发动机燃烧技术

第 3 章中指出可燃混气被点燃后可能产生两种不同类型的燃烧机制，即缓燃与爆震。缓燃过程已经广泛应用于人们的日常生活与生产中，当前所有实际运行的发动机也都是基于缓燃过程，而爆震过程的应用尤其是推进系统中的应用还处于研究与探索阶段。20 世纪 50 年代到 70 年代，Nicholls 等率先提出将爆震应用于推进系统，并建成第一台脉冲爆震发动机概念机，同期的 Adamson 等则分析了利用旋转爆震提高火箭发动机性能的可行性，此外还有更多作者讨论了驻定爆震应用于冲压发动机及火箭发动机的可能性等。当前爆震推进技术研究已经涵盖了爆震燃烧理论、爆震发动机原理与关键技术以及爆震发动机工程应用等重要领域。

9.4.1 爆震发动机工作原理

根据爆震波在燃烧室内的运动情况，爆震发动机通常被划分为脉冲爆震发动机 (PDE)、旋转爆震发动机 (RDE) 以及驻定爆震发动机 (SDE)。下边针对这 3 种类型的爆震发动机工作原理进行简要的分析。

1. 脉冲爆震发动机

脉冲爆震发动机简称 PDE，它是利用周期性的爆震燃烧产生的高温、高压燃气来完成做功或产生推力的动力装置。图 9-20 为 PDE 工作原理图。PDE 的工作过程如下：① 首先打开空气进气阀，吹除上一循环残余的燃气，然后再打开燃料阀，燃料与空气混合为可爆混气并充填爆震室；② 充填结束后，关闭空气与燃料阀门，同时在爆震室封闭端点火起爆爆震波；③ 爆震波形成后将以超声速向开口端传播，爆震波所过之处新鲜混气变成高温、高压的已燃产物；④ 当爆震波离开爆震室排出时，将有一系列的膨胀波产生并向爆震室内传播，同时爆震产物将从爆震室中排出。经过以上过程后，PDE 完成一个循环，当高温、高压燃气排出 PDE 及喷管时，即可产生推力，PDE 要持续产生推力，上述 4 个步骤必须周期性地重复进行。显然，爆震频率越高，PDE 产生的持续推力越稳定，爆震频率是 PDE 的一项重要性能指标。

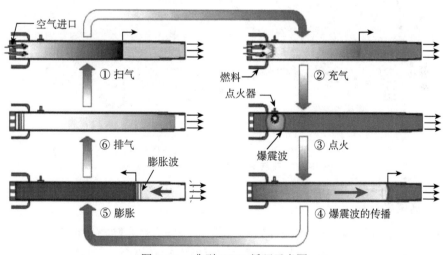

图 9-20　典型 PDE 循环示意图

在 PDE 的工作过程中，爆震波的触发通常在爆震室进气端关闭的情况下开始的，这是因为爆震波直接触发所需的能量很大，大约在 10^6J 的量级，这在实际应用时是不可行的，因此在 PDE 中爆震波不是直接触发的，而是通过 DDT 过程间接触发的。DDT 过程即缓燃到爆震的转捩过程。如果在一根足够长的管中充满可燃混气，只将其一端封闭并在封闭端点燃一道缓燃波，这道缓燃波在可燃混气中传播，波后燃气不断膨胀进而产生一系列弱压缩波，这些弱压缩波在可燃混气传播并叠加，最后形成强激波及爆震波，爆震波就是一道强激波与一道缓燃波耦合在一起所构成的。以上过程即 DDT 过程，PDE 周期性运行也正是基于满足 DDT 过程的要求。

2. 旋转爆震发动机

脉冲爆震发动机运行呈现周期性，不仅需要多次、高频起爆，而且气流流动不连续，这些对其运行组织与提高总体性能均不利。旋转爆震发动机克服了脉冲爆震发动机的上述不足。旋转爆震发动机也称为连续旋转爆震发动机，其结构与工作原理如图 9-21 所示。旋转爆震发动机燃烧室的常规结构通常为一环腔，爆震波被触发后在进气段头部沿周向旋转，而气流沿环腔的轴向流动。旋转爆震发动机的运行特点在于：① 只需起爆一次；② 爆震波的传播方向与气流的流动方向正交，因此气流流动与爆震波传播均可持续不断地进行；③ 爆震波不会排出燃烧室，避免了这部分的能量损失。

旋转爆震波的起爆通常采用预爆管的触发方式，即在小爆震管充满反应活性强的预混气，并通过 DDT 过程触发一道爆震波，然后将该爆震波衍射到旋转爆震室的环腔中，经过一段短暂的波系及火焰相互作用的不稳定期后，最终在环腔中形成一道或几道周向稳定传播的旋转爆震波。

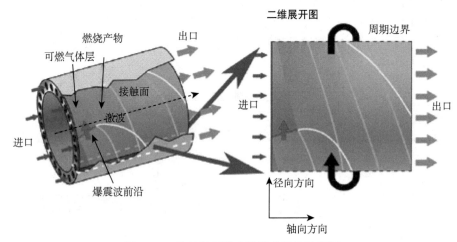

图 9-21　旋转爆震发动机流场结构示意图

3. 驻定爆震发动机

驻定爆震发动机是将爆震波驻定燃烧室内，由于爆震波是超声速传播的，因此燃烧室内的气流也必须是超声速气流。图 9-22 是驻定爆震发动机概念的示意图。如图所示，燃料被直接喷射到超声速氧化剂流中，爆震波通过中心锥或楔形体驻定在燃烧室内，波后的燃烧产物则在喷管中膨胀并产生推力。驻定爆震发动机的原理看似非常简单，但要将爆震波稳定地驻定在超声速气流中仍然是非常困难的。

斜爆震发动机 (ODE) 是当前驻定爆震发动机研究的一个主要方向。图 9-23 是斜爆震超燃冲压发动机示意图，它利用斜爆震波实现了超声速燃烧。研究表明，斜爆震超燃冲压发动机只能在飞行速度马赫数 5~7 范围内稳定运行，其飞行速度下限受到 C-J 爆震波速度限制，飞行速度上限受到气动阻力的限制。

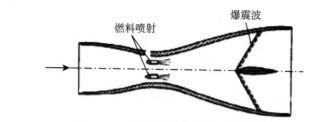

图 9-22　驻定爆震发动机概念示意图

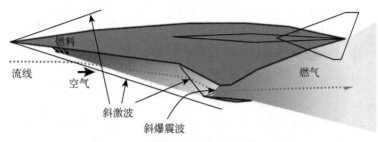

图 9-23　斜爆震超燃冲压发动机示意图

9.4.2　爆震热力循环

Zeldovich 认为爆震热力循环的热效率高于等容燃烧热力循环与等压燃烧热力循环。图 9-24 为 C_3H_8/air 混合物在没有预压缩与有预压缩两种情况下的爆震、等容和等压三种燃烧方式的热力循环无量纲 $p\text{-}v$ 图。

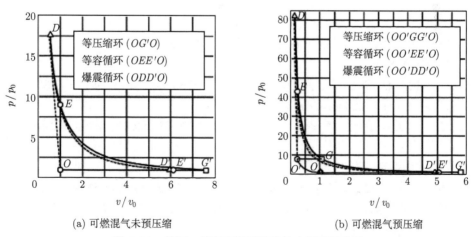

(a) 可燃混气未预压缩　　　　　　　(b) 可燃混气预压缩

图 9-24　等压、等容和爆震燃烧热力循环示意图

首先考虑混气没有预压缩的情况。如图 9-24(a) 所示，假定混气的初始状态点为 O 点，对应的参数为 p_0、v_0，图中双曲实线为反应 Hugoniot 曲线，爆震过程是从初始 O 点跳到

激波 Hugoniot 线 (图中未画) 上，再沿 Rayleigh 线回到 D 点。这里的 D 点为上 C-J 点，也是 Rayleigh 线与反应 Hugoniot 曲线的切点，图中虚线 OD 为 Rayleigh 线的一部分。过 D 点作等熵线与过 O 点的定压线交于 D'，DD' 即爆震燃烧产物定熵膨胀过程。此外，反应 Hugoniot 曲线上的 E、G' 分别为等容、等压燃烧产物的状态点，EE' 为等容燃烧产物定熵膨胀过程。等压燃烧因为没有压增，所以也就没有膨胀过程。因为爆震燃烧的熵增是最小的，而等压燃烧的熵增是最大的，所以有

$$S_{D'} - S_O < S_{E'} - S_O < S_{G'} - S_O \tag{9-8}$$

下面对爆震循环 $ODD'O$、等容燃烧循环 $OEE'O$ 以及等压燃烧循环 $OG'O$ 的热效率进行估算。

混气初始状态 O 点的总比焓：$H_0 = h_0 + q$，这里 h_0 为热焓，q 为燃烧热效应。燃烧产物 (这里指膨胀后) 的比焓：$H = h$，即燃烧产物只有热焓。循环功：$W = W_e - W_a = H_0 - H$，这里 W_e 为膨胀功，W_a 为推动功，$W_a = p_0(v - v_0)$。循环热效率可表示为

$$\eta = \frac{W}{q} = \frac{H_0 - H}{q} \tag{9-9}$$

以 C_3H_8/air 混合物为例，混气为定比热理想气体，在化学恰当比条件下混气的热效应为 $q = 19760\text{cal/mol}$ (混气)。假定混气初始温度 $T_0 = 300\text{K}$，则 C_3H_8/air 混合物的定压比热与定容比热分别为 8.78cal/(mol·K) 与 6.79cal/(mol·K)，比热比 $\gamma_0 = c_{p0}/c_{v0} = 1.293$。燃烧产物 (不考虑燃烧模态) 的特征参数平均值为：$c_p = 10.40\text{cal/(mol·K)}$，$c_v = 8.42\text{cal/(mol·K)}$，$\gamma = c_p/c_v = 1.235$。此外反应 Hugoniot 曲线满足下列方程

$$\frac{p}{p_0} = \frac{\dfrac{\gamma+1}{\gamma-1} - \dfrac{v}{v_0} + \dfrac{2\gamma}{\gamma-1}\dfrac{q}{c_pT_0}}{\dfrac{\gamma+1}{\gamma-1}\dfrac{v}{v_0} - 1} \tag{9-10}$$

下面针对没有预压缩的情况下各循环的热力参数及热效率进行计算。

(1) 等压燃循环

燃烧产物状态点 G'：$T_{G'} = T_0 + q/c_p = 2199\text{K}$，$p_{G'} = p_0$，$v_G = 7.33v_0$，$H_{G'} = c_{p0}T_0 + c_p(T_{G'} - T_0) = 22390\text{cal/mol}$。

因为 $H_{G'} = H_0$，因此 $W = 0$，$\eta_P = 0$，即在没有预压缩的情况下，等压燃烧循环热效率为 0。

(2) 等容燃烧循环

燃烧的状态点 E：$T_E = T_0 + q/c_v = 2647\text{K}$，$p_E = p_0T_E/T_0 = 8.82p_0$，$v_E = v_0$；

等容燃烧产物定熵膨胀到 E'：$T_{E'} = T_E(p_E/p_0)^{-(\gamma-1)/\gamma} \approx 1749\text{K}$，$H_{E'} = c_{p0}T_0 + c_p(T_{E'} - T_0) = 17700\text{cal/mol}$。

将 $H = H_{E'}$ 代入到公式 (9-9)，得

$$\eta_N = \frac{H_0 - H_{E'}}{q} \approx 0.238 \tag{9-11}$$

(3) 爆震循环

在上 C-J 点 D 上，爆震产物的压力、温度以及比体积计算如下：

$$p_D = p_0 \left[1 + \gamma \left(M_{\text{CJ}}^2 - 1 \right) / (\gamma + 1) \right] \approx 17.178 p_0 \qquad (9\text{-}12)$$

$$T_D = T_0 \left(\frac{p_D}{M_{\text{CJ}} p_0} \right)^2 \approx 2924\text{K} \qquad (9\text{-}13)$$

$$v_D = v_0 \left(\frac{T_D}{T_0} \frac{p_0}{p_D} \right) \approx 0.567 v_0 \qquad (9\text{-}14)$$

这里爆震波的马赫数为

$$M_{\text{C-J}} = \sqrt{1 + (\gamma + 1)q/2c_p T_0} + \sqrt{(\gamma + 1)q/2c_p T_0} \qquad (9\text{-}15)$$

爆震产物等熵膨胀到 D' 点：$T_{D'} = T_D \left(p_D/p_0 \right)^{-(\gamma-1)/\gamma} \approx 1702\text{K}$，$H_{D'} = c_{p0} T_0 + c_p \left(T_{D'} - T_0 \right) = 17210\text{cal/mol}$。

将 $H = H_{D'}$ 代入到公式 (9-9)，得

$$\eta_{\text{D}} = \frac{H_0 - H_{D'}}{q} \approx 0.262$$

对比三个循环热效率不难发现，在没有预压缩的情况下，等压燃烧循环热效率最低，且为 0，爆震循环热效率最高，即 $\eta_{\text{D}} > \eta_{\text{V}} > \eta_{\text{P}}$。

图 9-24(b) 为有预压缩的情况下三个循环的 $p\text{-}v$ 图，相关热力参数与热效率的计算读者可自行完成，图 9-25 为有预压缩情况下三个循环的热效率随增压比的变化规律，如图所示，在相同增压比下，爆震循环的热效率仍然最高，等压燃烧循环最低；随着增压比的提高，三个循环热效率均会增加，但增大的幅度会越来越小。

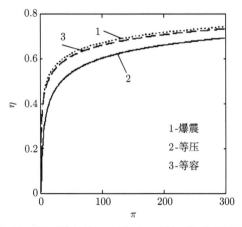

图 9-25　预压缩条件下的增压比对循环热效率的影响

习　题

9.1　航空发动机对燃烧室性能有哪些要求？并指出表征这些要求的指标性参数及其特征规律。

9.2　阐明液体火箭发动机与固体火箭发动机燃烧过程相同与不同之处。

9.3　超燃冲压发动机中超声速燃烧与爆震发动机中视爆震燃烧为超声速燃烧这两个概念有何不同。

9.4　根据本章中的算例，试计算在预增压比为 15 情况下，丙烷与空气混气在化学恰当比时的爆震循环、等容燃烧循环以及等压燃烧循环下的热力参数与热效率。